新工科建设·计算机类系列教材

虚拟现实技术与应用

◆ 金 莹 张 洁 陶 烨 主 编
◆ 王倚天 吴翔宇 陈 娟 艾 地 付昶胜 副主编

电子工业出版社
Publishing House of Electronics Industry
北京·BEIJING

内 容 简 介

本书是一本用于虚拟现实基础知识和常见应用开发教学的通识类书籍,来源于校企合作的 VR 课程建设,包含大量的案例。全书采用案例辅助知识要点解析的模式,各开发实操章节均配备相关的应用案例用于课程教学辅助,内容从 VR 概念到主流硬件平台,从硬件到核心开发软件,再到两种市面主流项目开发关键技术的分解与详细解析,集知识理论和技能实践于一体。读者可以边学边做,实现自主开发 VR 项目的目标。

本书为新形态教材,提供扩展阅读和教学视频,读者可以扫描相应的二维码来获取。

本书可以作为高等学校数字媒体、计算机、虚拟现实及动漫制作等相关专业的教材,也可以作为虚拟现实技术从业人员和初学者的入门参考书。

图书在版编目(CIP)数据

虚拟现实技术与应用 / 金莹,张洁,陶烨主编. —北京:电子工业出版社,2023.2

ISBN 978-7-121-45007-5

Ⅰ. ① 虚…　Ⅱ. ① 金… ② 张… ③ 陶…　Ⅲ. ① 虚拟现实－高等学校－教材　Ⅳ. ① TP391.98

中国国家版本馆 CIP 数据核字(2023)第 015502 号

责任编辑:章海涛　　　　　　　　特约编辑:李松明

印　　刷:中国电影出版社印刷厂

装　　订:中国电影出版社印刷厂

出版发行:电子工业出版社

　　　　　北京市海淀区万寿路 173 信箱　　邮编:100036

开　　本:787×1 092　1/16　　印张:13　　字数:333 千字

版　　次:2023 年 2 月第 1 版

印　　次:2023 年 8 月第 2 次印刷

定　　价:79.80 元

前　言

随着信息技术的快速发展和 5G 通信技术的应用普及,虚拟现实技术迎来了新的发展机遇。2016 年为虚拟现实产业元年。2019 年在 5G 应用的推动下,虚拟现实产业得到了进一步发展。2021 年,元宇宙掀起热潮。国内外企业纷纷布局元宇宙领域,成为各界关注热点。虚拟现实作为元宇宙核心支持技术,也得到了更多关注和发展。

新模式新业态不断涌现,必将导致对虚拟现实专业技术人员的迫切需求。现有虚拟现实技术教材多以强调技术原理为主,本书依托教育部高等学校大学计算机课程教学指导委员会、电子工业出版社有限公司联合发起的教育部高等学校大学计算机课程教学指导委员会 2020 新时代大学计算机赋能教育改革项目"新文科大学计算机赋能教育改革研究"(项目编号:2020-JZW-CT-A02)和教育部新文科研究与改革实践项目"教育部新文科研究与改革实践"(项目编号:2021020001),将"四新"人才培养的理念与行业发展对人才的需求、对岗位标准和技术的要求相结合,以虚拟现实项目开发流程中所要用到的基本知识、原理和关键技术为主线进行讲解。

本书主要特点是:围绕行业应用案例,采用案例辅助知识要点解析的模式,尽量减少冗余的理论内容,紧扣行业用人标准和岗位职业素养要求展开,针对性强、通俗易懂,适合作为高等学校数字媒体、计算机、虚拟现实、动漫制作等相关专业的基础课或通识课的配套教材,也可以作为虚拟现实领域从业人员和初学者的入门参考书。

本书注重案例和原理的解析,依据培养方案进行进阶式能力培养,配备应用案例和教学视频资源,学生可以不受时间和空间的限制进行自主学习。

本书由浅入深,从抽象到具体,按照项目开发的流程展开。从现实生活中虚拟现实技术的应用逐步引出虚拟现实系列概念、虚拟现实软/硬件设备的相关知识,再通过核心关键技术的分层介绍逐步深入,最后通过综合项目开发案例实现 VR 项目开发全流程的学习和实训。本书通过从模型搭建的标准化到 Unity 开发、与 C#程序的交互,再到三维全景开发等进阶的方式层层递进,使大部分零基础的学生通过课程学习也能实现完整的项目开发,为后续核心专业课的学习和未来从事虚拟现实相关工作打好坚实的基础。

本书以行业典型案例为脉络,共 5 章,各章主要内容如下。

第 1 章,虚拟现实概述,主要介绍虚拟现实技术的基本概念、发展历史、特征、技术分类与原理、关键技术、应用与发展及进行虚拟现实开发所需要的软硬件设备。

第2章，虚拟现实开发引擎 Unity 入门，主要介绍虚拟现实开发引擎 Unity 3D 的功能、菜单界面、参数解析及案例应用。

第3章，虚拟现实眼镜 HTC VIVE 开发基础，主要介绍虚拟现实头盔开发的功能及基本使用。

第4章，案例开发之全景视频交互制作，主要介绍全景图、全景视频的基本概念和制作过程。

第5章，案例开发之室内 VR 场景交互制作，系统讲解运用 Unity 引擎进行综合项目开发的过程和方法。

本书提供扩展阅读和教学视频资源，读者扫描相应的二维码即可获得。

感谢上海遥知信息技术有限公司为本书提供真实案例和视频教学资源。其他视频课程资料，读者可参考中国大学慕课课程"灵境——虚拟现实技术的应用"和上海遥知教学服务平台"VR 专业建设服务"之《虚拟现实技术与应用》教材配套微课。

本书编写团队将持续跟进行业技术发展、岗位需求，不断修订和完善本书。如有疏漏与不妥之处，恳请读者批评指正。

作　者
于南京大学

目 录

第 1 章　虚拟现实概述 ·· 1

　1.1　虚拟现实技术简介 ··· 2

　1.2　虚拟现实与增强现实、混合现实 ·· 3

　1.3　虚拟现实与元宇宙 ··· 3

　1.4　虚拟现实主流设备与行业应用场景 ·· 5

　1.5　虚拟现实项目开发流程 ··· 10

　本章小结 ·· 12

第 2 章　虚拟现实开发引擎 Unity 入门 ··· 13

　2.1　Unity 简介 ·· 14

　2.2　Unity 界面 ··· 15

　2.3　天空盒 ··· 22

　2.4　光照系统 ··· 26

　2.5　烘焙模式 ··· 31

　2.6　灯光探头组件 ·· 37

　2.7　渲染模式 ··· 39

　2.8　地形系统 ··· 46

　2.9　物理系统 ··· 54

　2.10　粒子系统 ·· 58

　2.11　项目发布流程 ··· 67

　本章小结 ·· 70

第 3 章　虚拟现实开发引擎之 HTC VIVE 基础开发 ······································· 71

　3.1　HTC VIVE ··· 72

　　3.1.1　HTC VIVE 介绍 ··· 72

　　3.1.2　HTC VIVE 发展史 ·· 73

　　3.1.3　HTC VIVE 开发环境配置 ·· 74

　3.2　Steam VR ·· 79

　　3.2.1　Steam VR 简介 ·· 79

　　3.2.2　Steam VR Plugin ·· 81

　　3.2.3　Interaction System ·· 83

　3.3　VRTK ·· 97

　　3.3.1　VRTK 概述 ··· 97

　　3.3.2　相关插件的关系 ·· 99

　　　3.3.3　配置基础开发环境 ··· 99
　　　3.3.4　VRTK 基础交互功能模块 ·· 105
　　本章小结 ·· 112

第 4 章　全景视频交互制作案例 ·· 113
　4.1　全景技术概述 ·· 114
　4.2　全景素材获取 ·· 116
　4.3　资源导入交互环境配置 ·· 119
　4.4　全景视频播放与交互添加 ·· 119
　　　4.4.1　全景视频导入 Unity 播放 ··· 119
　　　4.4.2　全景视频交互功能添加 ·· 123
　　　4.4.3　手柄交互面板加载 ··· 125
　　　4.4.4　视频资源的获取 ··· 127
　　　4.4.5　视频播放与暂停方法 ··· 129
　　　4.4.6　UI 交互功能的实现 ·· 132
　　　4.4.7　UI 动画控制 ·· 134
　　本章小结 ·· 138

第 5 章　室内 VR 场景交互制作案例 ····································· 139
　5.1　项目概述 ··· 141
　5.2　白模渲染和光照添加 ··· 142
　　　5.2.1　拼接模型 ··· 143
　　　5.2.2　全景视频交互功能添加 ·· 147
　　　5.2.3　场景烘焙 ··· 149
　5.3　灯光添加和屏幕特效 ··· 152
　　　5.3.1　布置场景灯光 ··· 152
　　　5.3.2　屏幕特效 ··· 154
　5.4　家具模型导入和设置 ··· 157
　5.5　交互功能 ··· 159
　　　5.5.1　场景漫游 ··· 159
　　　5.5.2　交互物体边缘高亮效果 ·· 165
　　　5.5.3　UI 面板设置 ·· 169
　　　5.5.4　手柄 UI 设置 ·· 184
　　本章小结 ·· 200

参考文献 ··· 201

第 1 章

VR

虚拟现实概述

学习目标

- ✪ 掌握虚拟现实概念及其与增强现实、混合现实之间的联系和区别。
- ✪ 了解元宇宙以及虚拟现实与元宇宙的关系。
- ✪ 了解虚拟现实行业应用及发展前景。
- ✪ 熟悉虚拟现实项目开发流程，为后面章节虚拟现实项目开发奠定基础。

1.1 虚拟现实技术简介

虚拟现实（Virtual Reality，VR）技术是一种可以创建和体验虚拟世界的计算机仿真系统，生成一种模拟环境，使用户沉浸其中。自 20 世纪 60 年代兴起，历经半个多世纪的发展，虚拟现实技术在近些年才呈现爆发性增长趋势，并因其高度的沉浸性和交互性得以在各行各业中广泛运用。随着各大信息技术公司的持续性投入，虚拟现实必将迎来更大的机遇，快速崛起，进而改变人们的生活和生产方式。

什么是虚拟现实技术呢？虚拟现实技术是利用计算机模拟出一个三维空间的虚拟世界，使体验者的视觉、听觉、触觉等感官如同身临其境一般，甚至可以从一些现实无法达到的视角观察三维虚拟世界内的各种事物，并与这些事物进行交互的一种新兴技术。

1. 虚拟现实技术的特点

2018 年，好莱坞科幻巨制《头号玩家》电影风靡全球（如图 1-1 所示），电影中虚拟世界的概念和各种炫酷装备掀起了人们对虚拟现实技术的热烈追捧。

图 1-1　电影《头号玩家》宣传剧照

电影中的鬼才科学家詹姆斯·哈利迪为了找到最合适的"绿洲"管理者，根据自己的各种奇特想法，为玩家设计了诸多惊险刺激又悬念不断的关卡和挑战。他是如何实现自己的这些天马行空的想法的呢？答案就是虚拟现实技术。虚拟现实技术的魅力就是可以想象任何现实中存在或不存在的场景，然后为这个想象的世界设计各种规则并构建它，通过特定的设备和虚拟世界中的物体进行交互，这就是虚拟现实的"想象性"和"交互性"。现在市面上很多游戏也具有这两个特点，但虚拟现实还有一个最大的无可比拟的特点——"沉浸性"，当我们带上虚拟现实眼镜后，可以获得一种完全沉浸在虚拟世界中的感觉，让人分不清是真实还是虚幻。

2. 虚拟现实技术的发展历程

虚拟现实技术并不是近几年才有的技术，早在 20 世纪 60 年代，美国就开发出了第一套虚拟现实的设备和头戴式的显示器。"Virtual Reality"的概念直到 20 世纪 80～90 年代才首次被提出，并且开始了初次的产业尝试，包括：U-Force 通过红外线检测玩家的动作，Power Glove 动作手套的出现，首款消费级 VR——Virtuality 1000CS 的推出，虚拟现实建模语言（Virtual Reality Modeling Language，VRML）诞生，任天堂推出了第一款 VR 设备 Virtual Boy 等。但是由于技术的限制，整个行业直到 2012 年才被引爆，标志性事件是 Facebook 公司以 20 亿美元收购了虚拟现实眼镜制造商 Oculus，并推出了消费级的 VR 眼镜。2016 年被普遍认为是虚拟现实元年，更多的资金、人才涌入，为技术的发展提供了更多的可能。

1.2 虚拟现实与增强现实、混合现实

MOOC 视频

行业在讲到虚拟现实时会经常提到另外两个概念——"增强现实"和"混合现实"，那么，它们又是指什么？它们与"虚拟现实"之间有什么联系和区别呢？

在虚拟现实（VR）头盔里，用户仿佛穿越到了另一个世界，但只能体验到虚拟世界，无法看到当下的现实环境，用一个成语形容就是"无中生有"。

而通过增强现实（Augmented Reality，AR）设备，在拍摄获取现实世界的画面后，可以再将虚拟的三维模型或场景实时地叠加在现实世界获取的画面中，形成一个虚实叠加、浑然一体的环境。用户既能看到真实世界，又能看到虚拟事物，用"锦上添花"形容最贴切不过了。

那么，混合现实又是什么呢？混合现实（Mix Reality，MR），从名字中我们可见一斑，是指既通过虚拟来增强现实，又用现实来承载虚拟，直接将现实世界和虚拟世界融合在一起，从而产生新的可视化环境。在这个新的可视化环境里，物理对象和数字对象同时存在、相互映衬，还能实时互动，使得用户难以分辨真实世界与虚拟世界的边界，获得一种"虚实结合"和"真假难辨"的感觉。

现在在很多不严格区分的场景下，广义的虚拟现实往往既涵盖了虚拟现实的内容，也包含了增强现实和混合现实。

1.3 虚拟现实与元宇宙

Facebook 公司在以 20 亿美元收购 Oculus 后，在 2021 年将其公司名更改为"Meta"，宣布转型为元宇宙（Metaverse）公司。众多国际大企业也纷纷推出自己在元宇宙领域的布局产品，轰轰烈烈的"元宇宙元年"（2021 年）在投资圈、科技圈拉开大幕。

那么，究竟什么是元宇宙？元宇宙是一系列与现实世界共同存在的"数字平行世界"，是计

算技术体系发展到一定程度后，人类基于数字技术和想象力拓展出来的"新大陆"，人类也将随着元宇宙的发展和成熟，逐步在元宇宙中感受、创造、体验、分享、连接，开启另一种全新的体验和生活。

元宇宙涉及的相关技术是一个非常庞大的体系，但寻根究底，其实很多技术都是计算机科技领域的成熟技术和近些年飞速发展的技术，耳熟能详的有计算机图形学、云计算、人工智能、区块链、虚拟现实等。

其中，虚拟现实技术作为元宇宙与人类感官连接的关键环节的核心技术，是元宇宙不可或缺的一环，随着元宇宙领域的大面积铺开，虚拟现实技术的应用场景和应用范围将迎来再一次大规模拓展。而虚拟现实技术本身的深化、进化和普及也会随着元宇宙的需求而再一次得到长足的发展。在元宇宙的驱动下，虚拟现实与人工智能、区块链、云计算、边缘计算等技术的融合应用也将在应用层面获得更多交叉发展的机会。

虚拟现实将因为元宇宙的发展，在技术本身和行业应用等方面再上一个台阶。而元宇宙也将因虚拟现实技术体系的成熟而得以向着更加丰富多彩、感官体验更好的方向发展。

那么，虚拟现实将会在哪些比较具体的方面对元宇宙产生影响呢？

1. 数字孪生

简单而言，数字孪生（Digital Twins）就是在一个设备或系统的基础上创造一个数字版的"克隆体"，能对实体对象进行动态仿真。在表现层和应用层上，"元宇宙"与"数字孪生"之间存在着较大的交集，很多都属于虚拟现实技术的范畴。

由于数据在元宇宙的不可或缺性，虚拟现实在支持和促进数字孪生行业发展的同时，同类的技术应用会在元宇宙数据孪生、虚拟数据呈现、虚拟数据交互等方面推动元宇宙行业的蓬勃发展。

2. 混合现实

在广义的元宇宙中，现实世界和虚拟世界是交叉融合于一体的整体性存在。而广义的虚拟现实包含了狭义虚拟现实、增强现实、混合现实等技术演变过程中的细分技术。在混合现实的技术分支中，核心便是兼顾"现实世界的数字化"和"虚拟世界的现实融合"两个要义。这两个核心要义正是元宇宙将"现实"与"虚拟"进行融合的核心基础技术，只有实现了"现实"与"虚拟"的视觉融合，广义的元宇宙才算真正地被创造。

3. 交互形式

从鼠标到触控的过程是两个交互时代柔和过渡的典范，人们几乎不用新增任何交互学习成本，甚至可能降低交互成本，完成了交互时代的升级。然而，虚拟现实使得"点击时代"到"VR交互时代"的升级变得有些突兀，人们一下子要面对很大的交互学习成本，五花八门的交互方式让很多人对虚拟世界望而却步。这是虚拟现实行业发展的瓶颈问题之一，也同样成为元宇宙发展的核心影响要素。

4. 超仿真渲染

元宇宙要呈现到人们的眼睛——这个感受元宇宙最直接最关键的器官，计算设备的渲染能力是举足轻重的"基础设施"，只有虚拟场景足够逼真，以假乱真，甚至超越现实的真，人们才会愿意在元宇宙中沉浸。因此，超仿真的渲染正在被"图形计算基础建设"领域的公司努力追求和不断超越。

以上这些命题都是虚拟现实相关技术中与元宇宙行业密切相关、互相促进的分支，它们的发展促使元宇宙得到长足发展。元宇宙的发展同样会使得它们得以快速发展。

1.4 虚拟现实主流设备与行业应用场景

1. 行业主流设备

虚拟现实头戴显示器，又称 VR 头盔（如图 1-2 所示），是近年来最热门的 VR 产品，市面上主流产品有 HTC VIVE、Oculus CV1 等。

MOOC 视频

图 1-2 VR 头盔

VR 头盔利用头戴式显示器将人的视觉、听觉封闭起来，使用户仿佛置身于虚拟环境中，配套的定位设备将用户在现实环境中的身体动作同步到虚拟世界中，使得用户可以在虚拟现实环境中走动、环视和漫游。此外，配套的专业定位手柄可以帮助用户在虚拟现实环境中进行物体的触碰、抓取、拖拽等动作。

因技术成熟，VR 头盔被广泛运用于虚拟现实游戏、虚拟仿真实验实训、模拟技能训练、远程医疗协同、虚拟手术训练（如图 1-3 所示）、房地产仿真体验、旅游景区全景漫游体验等领域。

随着虚拟现实产业的爆发，谷歌、苹果、索尼、三星、HTC、大朋、华为、小米等公司纷纷布局 VR 设备市场，除了虚拟现实头盔，其他终端平台亦日趋成熟，被越来越多地应用于各行各业。

例如，Kinect（如图 1-4 所示）、Leap Motion（如图 1-5 所示）等光学姿态传感交互系统，诺亦腾惯性动作捕捉套装（如图 1-6 所示）的无线姿态传感交互系统，以及运动同步传感交互系统（如图 1-7 所示）、虚实混合交互系统（如图 1-8 所示）、模拟驾驶交互系统（如图 1-9 所示）等虚拟现实设备正在融入运动同步游戏、交互广告、展览展示、肢体动作虚拟训练、影视拍摄、交互设计分析、生产线设计分析、运动动作分析、多人大空间交互等行业。

虚拟现实的硬件设备还有很多，行业的爆发带来硬件设备市场的蓬勃发展。同样，正是由于硬件产品的不断丰富和进步，虚拟现实技术才得以快速发展，给我们的教育、学习、认知和生活等方方面面带来更多的便利和更好的体验。

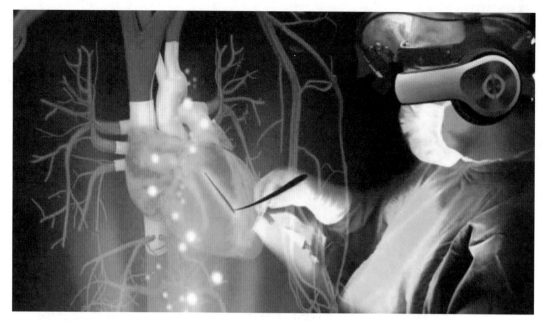

图 1-3 虚拟手术训练

图 1-4 Kinect 光学姿态传感交互系统

图 1-5 Leap Motion 光学姿态传感交互系统

图 1-6 诺亦腾惯性动作捕捉套装

图 1-7 运动同步传感交互系统

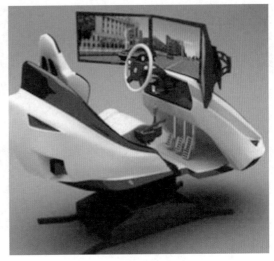

图 1-8　虚实混合交互系统　　　　　图 1-9　模拟驾驶交互系统

2. 虚拟现实技术前景

MOOC 视频

虚拟现实行业经过半个多世纪的发展，已经从单一的硬件设备、内容制作工具、操作系统，发展到目前相对完善的全流程产业链。

例如，从电影《头号玩家》的技术层面来说，实现其中全沉浸式或者增强现实的体验不需要等到 2045 年，现在行业内已经有相当多技术可达到电影中的体验层级。比如，电影主角站在一个全方位跑步机上，戴着虚拟现实眼镜就能在方寸之间闯关体验，这个技术在 2015 年已经有相对成熟的体验内容了。另外，电影主角梦寐以求的可以在游戏中体验触摸、疼痛等触感的 X1 套装也已经有公司研发出了类似的装备产品。玩家可以感受游戏中的每次枪击、爆炸的触觉反馈。当然，玩家实际是不会受伤的，但体验感很真实。

此外，虚拟现实在教育、工业、旅游、房产、医疗、游戏等行业，作为认知、训练、体验、宣传、培训等手段，亦发挥着重要的作用。比如，服装设计过去采用手绘画稿和实物剪裁的形式展示设计思路，而现在运用虚拟现实技术既可实现在虚拟场景中进行无实物的立体艺术设计，使设计者的创作几乎不受任何束缚，还能完成虚拟试衣，让体验者在虚拟世界中装扮出一个完全不同的自己，如图 1-10 所示。

随着虚拟现实技术的快速发展，产业规模的不断扩大，VR 领域对专业人才的需求也与日俱增。以国内为例，据虚拟现实产业联盟统计，2017 年我国虚拟现实产业市场规模已达 160 亿元，同比增长 164%。普华永道"眼见为实：VR 和 AR 如何改变商业与经济"（*Seeing is Believing: How VR and AR will Transform Business and the Economy*）（如图 1-11 所示）报告显示，至 2030 年，我国对 VR/AR 人才的岗位需求将达到 682 多万个。

在此背景下，国家陆续出台相应政策促进虚拟现实产业发展和人才培养。各地政府纷纷推出地方政策扶持虚拟现实相关企业的发展。教育部先后将虚拟现实应用技术纳入高等职业教育和本科院校专业学科目录，支持高校虚拟现实专业建设和人才培养。

当前，国内市场对于虚拟现实编程开发类、美术设计类和影视处理类人才的需求尤其旺盛。编程开发类对应的岗位有 VR 架构设计师、VR 研发工程师、VR 开发工程师、C++/C#开

图 1-10　虚拟服装设计

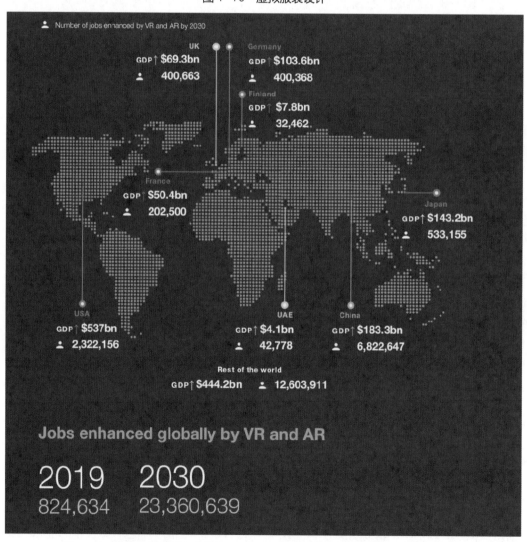

图 1-11　普华永道"眼见为实：VR 和 AR 如何改变商业与经济"（部分截图）

发工程师等，美术设计类相应的岗位有 VR 艺术设计师、三维美工师、三维特效师、三维渲染师、动画设计师等，影视处理类则需要摄影摄像师、导演和后期制作师等。

虚拟现实正在影响、改变着我们的社交方式、学习方式、生产方式，可以预见，虚拟现实技术最有可能成为下一代计算平台，渗透进我们的工作、生活中，成为不可或缺的一部分。

3. 虚拟现实技术在 2022 北京冬奥会中的应用

与 2008 年北京夏季奥运会时隔 14 年后，2022 年北京再次因奥运盛会让世界瞩目。2022 北京冬奥会除了在策划、组织、文化传播等方面有着优秀的表现，在科技方面的应用上也达到了前所未有的高度。大量的人工智能、机器人、虚拟现实等方面的前沿科技都得到了实际应用，既向国际社会展现了我国的科技实力，也借此鼓励前沿科技产业落地发展。

在虚拟现实技术领域，沉浸展示、数字角色、全景直播、虚实混合等典型技术板块都在很多环节为冬奥做支撑和添彩。

"冰晶五环"在音乐的烘托下从碎冰中徐徐升起，展示了冬季奥林匹克的精神。虚拟现实的"360 度沉浸展示"理念得以在面积 143 平方米、厚度仅有 35 厘米、内部 360 度无死角的 LED 异形屏上完美呈现。打造裸眼 3D 沉浸效果的"黄河之水天上来"，则通过 11000 平方米地面显示屏和盘托出，42208 个 50 厘米见方的 LED 模块搭建出的沉浸式体验空间，实现了核心区域地屏、冰瀑、冰立方创意视效，打造出目前世界最大的 LED 三维立体舞台。

冬奥的直播技术更是将虚拟现实的沉浸、交互等要素应用得恰到好处。传统比赛直播采用固定镜头，人们从几个摄像机给定角度看比赛。但 2022 北京冬奥会的直播采用了 360 度无死角的拍摄方式，视频采集设备如图 1-12 所示，结合 360 度虚拟现实技术平台，将多画面融合后的沉浸全景提供给到直播终端（VR 头显、手机、PC 等），人们如亲临现场一样观看比赛，而且可以自由选择自己想要的角度，这甚至比亲临现场还要自主，仿佛整个比赛全然就为观看者而呈现。

图 1-12 冬奥比赛现场的视频采集设备

虚拟与现实融合的技术应用，在"智能化创编排演一体化"系统上发挥了巨大的作用。辅助模拟冬奥会开幕式全流程，对演员、灯光、音乐、烟花、奥运火炬甚至转播机位等要素进行全方位的模拟演练，确保每个环节的准备更加充分、表现更加精准、问题更能提前暴露。

依托虚拟现实与人工智能的结合，作为元宇宙基础元素之一的"虚拟数字角色"在众多的虚拟演播室的直播中得到大量应用。谷爱凌、徐梦桃、隋文静等一众冬奥运动员的"数字分身"在咪咕演播室登场；专职天气 AI 虚拟主播"冯小殊"全程为人们提供赛场天气播报；AI 手语主播则在学习《国家通用手语词典》后，全程同步为人们做手语播报。这些虚拟数字角色在面容表情、肢体动作、呈现内容等方面都表现优秀，与真人的相似度已经达到了相当高的程度。

2022 北京冬奥会中的虚拟现实技术板块的应用，向人们展示了虚拟现实不凡的能力。在这一次国家级的产业支持之下，虚拟现实将会有更多常态化的应用会逐步走入寻常百姓家，进入我们的日常生活。

1.5 虚拟现实项目开发流程

虚拟现实内容制作场景的呈现主要有两种类型：全景拍摄场景和 3D 建模场景。因此，虚拟现实项目的开发流程可以分为全景拍摄场景模式的虚拟现实项目开发流程和 3D 建模场景模式的虚拟现实项目开发流程。

1. 全景拍摄场景模式的虚拟现实项目开发流程

全景拍摄场景模式的虚拟现实项目开发流程（如图 1-13 所示）分为如下 7 个步骤。

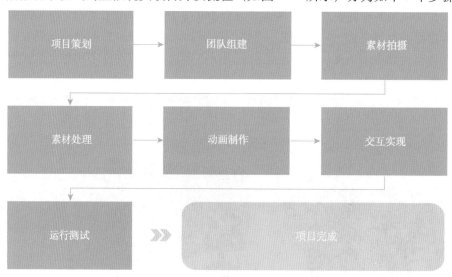

图 1-13　全景拍摄场景模式的虚拟现实项目开发流程

① 项目策划：收到开发需求后，项目架构师设计场景内容、场景切换路径、界面显示、文案以及交互逻辑，并输出策划文档。

② 团队组建：组建项目团队，进行成员分工，开始项目开发。

③ 素材拍摄：进行实景的全景视频或全景图素材拍摄。

④ 素材处理：对视频或图片素材进行剪辑、拼接及后期处理，输出完善的全景视频或全景图。

⑤ 动画制作：设计场景中各种交互按钮的 UI 标识。

⑥ 交互实现：编写代码实现交互逻辑，输出可交互的 VR 内容。

⑦ 运行测试：完善优化项目内容。

最后一个步骤往往需要不断进行测试，并修改项目中的问题和错误，所以常常会看到程序员在办公室里戴着头显手舞足蹈的样子，实际上他是在做测试。

注意，在全景模式的项目制作过程中，是基本不存在 3D 建模工作的。

2. 3D 建模场景模式的虚拟现实项目开发流程

3D 建模场景模式的虚拟现实项目开发流程（如图 1-14 所示）可分为以下 8 个步骤。

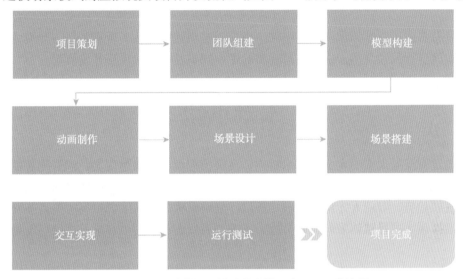

图 1-14　3D 建模场景模式的虚拟现实项目开发流程

① 项目策划：项目架构师设计场景内容、场景切换路径、界面文案及交互逻辑、场景风格等，并输出策划文档。

② 团队组建：组建项目团队，进行成员分工，确定各项工作的时间节点，开始项目开发。

③ 模型构建：根据策划文档进行建模，输出场景、物品、任务等三维模型。

④ 动画制作：制作三维模型动画，输出 FBX 文件。

⑤ 场景设计：设计场景中的交互界面、文字、图像等。

⑥ 场景搭建：在虚拟现实开发引擎中搭建三维虚拟场景。

⑦ 交互实现：根据使用的 VR 交互硬件，编写代码实现交互逻辑。

⑧ 运行测试：将项目导入 VR 场景进行测试，不断完善优化内容直至满意。

以上两种类型的 VR 项目开发流程各有优势。全景模式的项目可以理解为将体验者放置在拍摄的画面中心，360 度环绕的视频同步播放，体验者获取到的画面取决于视角的转变，被动地接受全景视频传递的信息。使用全景拍摄的优势是可以省去大量的建模工作，缩短整个项目的开发周期，完美地重现拍摄场景。但全景拍摄仅限于导演镜头的时间轴观看，不能自主地在场景中移动，交互的内容也仅限于切换场景、播放暂停音视频、显示说明文字等。

三维建模场景模式的虚拟现实项目则将体验者放置在设计师创建的三维环境中，体验者获得的体验内容需要体验者自主探索。场景中的模型都要按照真实的比例建模，场景需要设置各种材质和光照系统，复杂的交互逻辑需要通过编写代码逐一实现，这就使得三维建模场景模式的虚拟现实项目开发时间大大加长。但在三维建模场景模式的虚拟现实项目中，体验者可以真正地参与到设计师创建的世界中，可以随意走动，与场景中各实体模型实现交互，如对物体的拿起、抛掷等交互。这在一些以实训或者模拟演练为目的的项目中有着全景拍摄场景模式难以企及的优势。

所以在项目开发前，项目负责人需要根据实际需求，确定以哪种方式完成虚拟现实项目的制作。

此外，虚拟现实是一个新兴的技术，从业人员不仅需要良好的专业技能，还需具备强大的空间想象力、无限的创造力、极强的学习能力、跨界的综合能力，同时需要成为一个优异的团队协作人员。

后续章节将通过对虚拟现实开发引擎、虚拟现实头戴式设备、全景拍摄与建模方式的不同虚拟现实案例进行细致介绍，讲解虚拟现实的专业知识及完整的项目开发流程。

本章小结

本章通过对虚拟现实的定义、技术特点、发展历程及其与增强现实、混合现实的对比，深入介绍了虚拟现实技术；然后，介绍了虚拟现实的主流设备、行业应用及技术前景，让读者了解其未来发展趋势、专业人才标准要求；最后，分场景模式讲述了虚拟现实项目开发流程，读者应掌握虚拟现实项目整体方向与人员能力需求，为后面章节的内容学习提供逻辑指引。

第2章

VR

虚拟现实开发引擎 Unity 入门

学习目标

✪ 了解 Unity 3D 与虚拟现实之间的关系。

✪ 掌握 Unity 常用组件的基本使用方法。

✪ 掌握项目发布流程。

2.1 Unity 简介

Unity 3D（如图 2-1 所示），简称 Unity，是由 Unity Technology 公司开发的一个可以轻松创建诸如三维视频游戏、可视化建筑、实时三维动画等类型互动内容的多平台综合游戏开发引擎，是一个全面整合的专业游戏引擎。

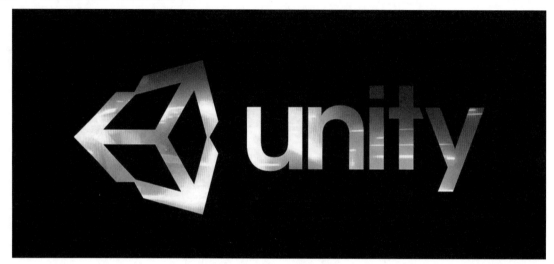

图 2-1　Unity 3D 图标

1. Unity 的起源和发展

Unity 起初只能应用于 macOS 平台，主要针对 Web 项目和 VR 的开发，这时的它并不起眼，直到 2008 年推出了 Windows 版本，并开始支持 iOS 和 Wii，才逐步从众多的游戏引擎中脱颖而出，并顺应移动游戏的潮流变得炙手可热。2009 年，Unity 注册的人数已达 5.3 万，荣登 2009 年游戏引擎的前 5 名。2010 年，Unity 开始支持 Android，影响力继续扩展。随着其在 2011 年开始支持 PS 3 和 Xbox 360，可看作完成了全平台的构建，强大的跨平台能力很难让人再挑剔。Unity 支持当今流行的各种平台。据"游戏开发者"调查，Unity 是开发者使用最广泛的移动游戏引擎，53.1%的开发者正在使用它，同时在一项关于"在游戏引擎里哪种功能最重要"的调查中，Unity 的"快速开发"功能排在了首位，因为易学易用、容易掌握。

2. Unity 与虚拟现实内容开发

当然，Unity 并没有忽略虚拟现实产业的崛起。随着 Oculus 和 Morpheus（现更名为 PlayStation VR）等一系列虚拟现实设备的发展，用户可以真实地体验到三维虚拟环境。Google Card Board 和三星 Gear VR 等 Mobile VR 设备使得用户能以非常少的花销通过手机来体验虚拟现实世界。作为全球第一个支持虚拟现实设备的交互式引擎，Unity 吸引了大批开发者投身虚拟现实项目产品的研发之中。为了满足广大开发者快速、高效地开发出成熟稳定项目的需求，Unity 为开发者提供了丰富的工具。

2.2 Unity 界面

MOOC 视频

1. 创建项目工程

Unity 编辑器拥有非常直观、明了的界面布局，熟悉 Unity 界面是学习 Unity 的基础。下载、安装完成 Unity 后（详细下载安装步骤请自行网络搜索），运行 Unity 应用程序，此时弹出导航窗口，从中新建或打开已有的项目。导航窗口同时包括用户最近打开的项目列表（如图 2-2 所示）。

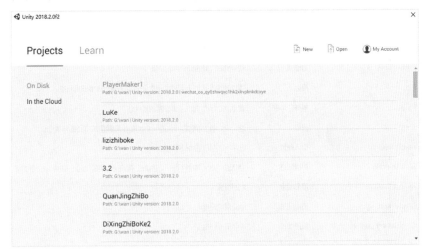

图 2-2　Unity 导航窗口

2. 菜单栏

创建新的项目后，进入 Unity 开发界面中。Unity 的菜单栏主要包括 File（文件）菜单、Edit（编辑）菜单、Assets（资源）菜单、GameObject（游戏对象）菜单、Component（组件）菜单、Window（窗口）菜单、Help（帮助）菜单（如图 2-3 ~ 图 2-9 所示）。

File（文件）

File	文件	-
New Scene	新建场景	创建一个新的游戏场景
Open Scene	打开场景	打开一个游戏场景
Save Scene	保存场景	保存一个游戏场景
Save Scene as...	场景另存为...	游戏场景另存为
New Project...	新建工程文件	创建一个新的工程文件
Open Project...	打开工程文件	打开一个工程文件
Save Project...	保存工程文件	保存一个工程文件
Build Settings...	建造设置（这里指建造游戏）	导出游戏的设置
Build & Run	建造并运行（这里指建造游戏）	设置并导出游戏
Exit	退出	退出软件

图 2-3　File（文件）菜单

Edit（编辑）

Edit	编辑	-
Undo	撤销	撤销上一步命令
Redo	重复	重复上一步命令
Cut	剪切	剪切被选中对象
Copy	复制	复制被选中对象
Paste	粘贴	粘贴被复制或被剪切对象
Duplicate	镜像	原地镜像出一个被选中对象
Delete	删除	删除被选中对象
Frame selected	视窗选定	把当前视窗归位到被选中对象前
Select All	选择全部	选中全部对象
Preferences	首选项	软件偏好（首选项）参数设置
Play	播放	播放游戏场景 进入到游戏状态 再次点击停止恢复编辑状态
Pause	暂停、中断	暂停游戏状态 再次点击恢复游戏状态
Step	步骤	这个命令与上面的Pause是一个效果 不知道是BUG还是有其他含义
Load selection	载入所选	选中一个存储点中的所有物件
Save selection	存储所选	存储选中的所有物件到一个存储点 有点类似层的功能 一共有10个存储点
Project settings	项目设置	项目设置
Render settings	渲染设置	渲染属性设定
Graphics emulation	图形仿真	设置图形仿真
Network emulation	网络仿真	-
Snap settings	对齐设置	使对象按照数值对齐

图 2-4　Edit（编辑）菜单

Assets (资源)

Assets	资源	-
Reimport	重新导入	重新导入资源
Create	创建	创建物件
Show in Explorer	在资源管理器中显示	在资源管理器中显示文件的位置
Open	打开（打开脚本）	打开一个脚本文件
Import New Asset...	导入新的资源	导入新的资源文件
Refresh	刷新	刷新
Import Package...	导入资源包	导入资源包
Export Package...	导出资源包	导出资源包
Select Dependencies	选择附属物	选择与物件相关的链接文件
Export ogg file	导出OGG文件	导出OGG文件
Reimport All	重新导入所有	重新导入所有资源
Sync VisualStudio Project	同步视觉工作室项目	同步视觉工作室项目

图 2-5　Assets（资源）菜单

GameObject（游戏对象）

GameObject	游戏对象	-
Create Empty	创建一个空的游戏对象	创建一个空的游戏对象
Create Other	创建其他组件	创建其他组件
Center On Children	子物体归位到父物体中心点	将子物体归位到父物体中心点
Make Parent	创建子父集	创建子父集关系
Clear Parent	取消子父集	取消子父集关系
Apply Changes To Prefab	应用变更为预置	应用当前变更为预置
Move To View	移动物体到视图的中心点	移动物体到视图的中心点
Align With View	移动物体与视图对齐	移动物体与视图对齐
Align View to Selected	移动视图与物体对齐	移动视图与物体对齐

图 2-6　GameObject（游戏对象）菜单

Component(组件)

Component	组件
Mesh	网格
Particles	粒子
Physics	物理
Audio	音频
Rendering	渲染
Miscellaneous	其他
Scripts	脚本
Camera-Control	摄像机控制

图 2-7　Component（组件）菜单

Window(窗口)

Window	窗口	-
Next Window	下一个窗口	显示下一个窗口
Previous Window	上一个窗	显示最前的窗口
Layouts	布局	布局模式
Scene	场景窗口	显示场景窗口
Game	游戏窗口	显示游戏窗口
Inspector	检视窗口	显示检视窗口
Hierarchy	层次窗口	显示层次窗口
Project	工程窗口	显示工程窗口
Animation	动画窗口	显示动画窗口
Profiler	探查窗口	显示探查窗口
Asset Server	资源服务器	显示资源服务器
Console	控制台	显示控制台

图 2-8　Window（窗口）菜单

Help(帮助)		
Help	**帮助**	**-**
About Unity	关于Unity	显示关于Unity的信息
Enter serial number	输入序列号	输入软件序列号
Unity Manual	Unity手册	显示Unity使用手册
Reference Manual	参考手册	显示Unity参考手册
Scripting Manual	脚本手册	显示Unity脚本手册
Unity Forum	Unity论坛	显示Unity论坛
Welcome Screen	欢迎窗口	显示欢迎窗口
Release Notes	发行说明	显示发行说明
Report a Problem	问题反馈	提交问题反馈

图 2-9 Help（帮助）菜单

3. 界面布局

Unity 的界面默认排列使用户可以对最常见的窗口进行实际访问。最常用和最有用的窗口显示在其默认位置（如图 2-10 所示）。

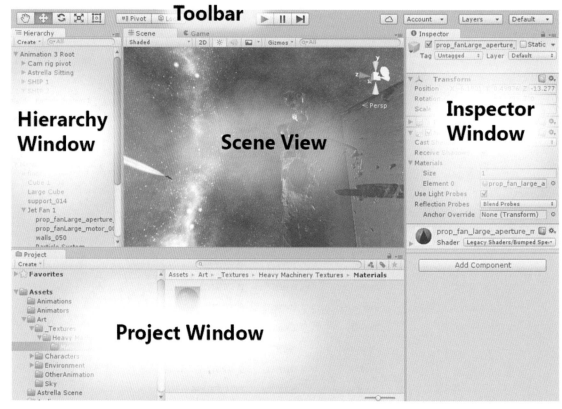

图 2-10 Unity 界面常用窗口布局

Hierarchy Window（层级视图，如图 2-11 所示）用于存放游戏对象，主要功能是对场景中的物体进行"父子化"，也就是对物体进行层级关系的绑定。把一个物体拖动到另一个物体上，即可形成两个物体之间的"父子化"关系。

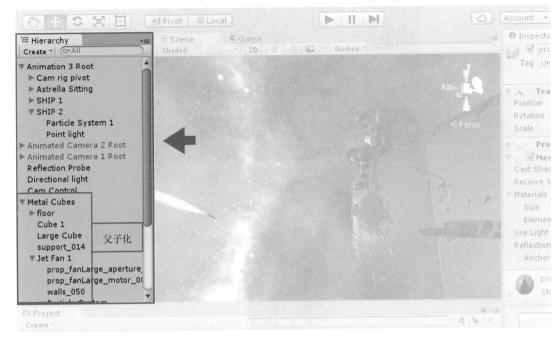

图 2-11　Hierarchy Window（层级视图）

"父子化"关系形成的标志是在父级名称左边有一个三角形。在场景视图中选中父级物体并移动它的位置，相应的子级物体也会跟着一起移动，但移动子级物体并不会影响父级物体。这就是层级视图的主要功能。

在 Scene View（场景视图，如图 2-12 所示）中，开发者可以调整项目中物体的布局，多角度观察当前项目的整体或细节。在场景视图中，按住鼠标的右键，出现 图标，这时可以以当前视角为中心进行场景的旋转观察。同时按住鼠标右键和键盘的 W 键，就可以实现当前视角的前进，其他角度的移动分别为：S 键为后退，A 键为向左移动，D 键为向右移动，Q 键为向下移动，E 键为向上移动。这些都是基于按住鼠标右键的同时进行的。开发者可以在远处观察场景整体，在近处观察细节，还可以按住鼠标中键，拖动整个场景。

Scene Gizmo（场景辅助工具，如图 2-13 所示）位于场景视图的右上角，将显示场景视图相机的当前方向，并允许用户快速修改视角和投影模式。

Project Window（项目视图，如图 2-14 所示）是整个项目的资源管理器。所有项目中用到的资源，如插件、贴图、模型、脚本等，都必须先导入资源管理器中才可以调用。

Console（控制台，如图 2-15 所示）用于显示场景运行时的错误提示，提示当前项目中的缺少项或代码错误等信息，可以通过菜单"Window → General → Console"命令或 Ctrl+Shift+C 组合键调出。

Inspector Window（检视视图，如图 2-16 所示）可以查看和编辑当前选定对象的所有属性。由于不同类型的对象具有不同的属性集，选定的对象不同，那么其检视视图的布局和内容也会有所不同。

图 2-12　Scene View（场景视图）

图 2-13　Scene Gizmo（场景辅助工具）

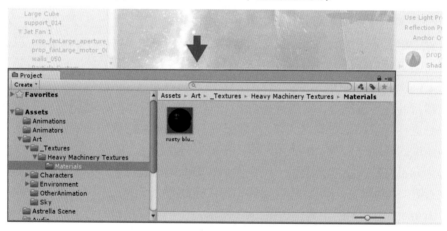

图 2-14　Project Window（项目视图）

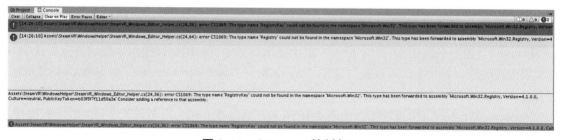

图 2-15　Console（控制台）

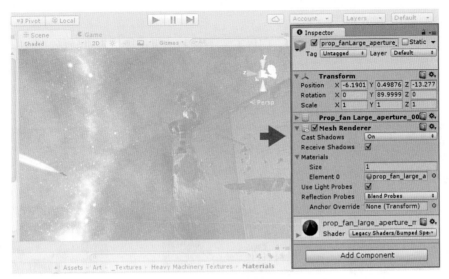

图 2-16　Inspector Window（检视视图）

　　Toolbar（工具栏，如图 2-17 所示）提供了对基本工作特性的访问。Toolbar 不是窗口，不能重新排列，是 Unity 界面的一部分。

图 2-17　Toolbar（工具栏）

Toolbar 由 7 个基本控件组成，分别涉及编辑器的不同部分：

❖ （变换工具）——与场景视图一起使用。

❖ （Gizmo 切换）——影响场景视图的显示。

❖ （播放/暂停/步骤按钮）——与层级视图一起使用。

❖ （云按钮）——打开 Unity 服务窗口。

❖ （账户下拉菜单）——用于访问用户的 Unity 账户。

❖ （图层下拉菜单）——控制在场景视图中显示哪些对象。

❖ （布局下拉菜单）——控制所有视图的排列。

变换工具在制作项目过程中会频繁使用（如图 2-18 所示）。

图 2-18　变换工具

❖ （移动工具，快捷键为 W）：功能是选中场景中的某物体，对它进行沿着三个轴的移动。只要选中某个轴的三角箭头，物体就会沿着该轴移动，不会影响其他两个轴的位置（如图 2-19 所示）。

❖ （旋转工具，快捷键为 E）：当使用旋转工具选中一个物体时会出现三色交叉的环形 UI。这是物体三个不同的旋转轴。调整其中一个旋转轴并不会影响其他两个轴的旋转角度（如图 2-20 所示）。

❖ （缩放工具，快捷键为 R）：同样有三个轴的缩放选项，不同的是，按钮中间的灰色立方体可以实现物体整体比例的放大或缩小（如图 2-21 所示）。这些数值也都可以在检视面板中进行精确参数的调整。例如，实现物体整体比例 3 倍的放大，就可以直接调整检视视图中缩放参数 X、Y、Z 的值都为 3 即可。

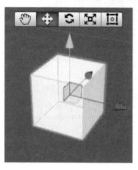
图 2-19　移动工具

图 2-20　旋转工具

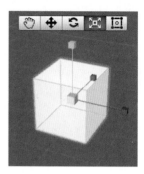
图 2-21　缩放工具

场景中对象的调整均可在检视视图中输入具体的数值，还有一些按钮用于二维场景，如对人物头像、名称的缩放等。

2.3　天空盒

在 Unity 中，如果要绘制非常远的物体，如远处的山、天空等。由于观察者距离这些远景物体的远近对它们的大小几乎没有影响，如想象远处有一座山，即使人向它走近十米、百米甚至千米，这座山的大小也几乎是不怎么改变的，此时可以采用天空盒技术（如图 2-22 所示）。

图 2-22　天空盒示例

天空盒是 Unity 的一种材质，实质就是全景图。所谓的天空盒，其实就是将一个立方体展开，分为六个面，表示有上、下、左、右、前、后六个可见的方向。如果天空盒被正确地生成，那么纹理图片的边缘将会被无缝地合并，在里面往任何方向看，都会是一副连续的画面。

全景图在场景中所有其他物体后被渲染，并且旋转，以匹配相机的当前方向（它不会随着相机位置的变化而变化，相机的位置总是被视为在全景图的中心）。因此，使用天空盒是一种将现实感添加到场景中的简单方法，并且图形硬件的负载最小。

天空盒的创建有下面两种方式：

① 方式一：在项目视图中单击右键，在弹出的快捷菜单中依次选择"Create → Material（材质）"命令，以创建材质球；然后选中创建的材质，在它的检视视图中依次选择"Shader（着色器） → Skybox（天空盒） → Cubemap（立方体贴图）"命令，将材质的 Shader 修改为天空盒（如图 2-23 和图 2-24 所示）。

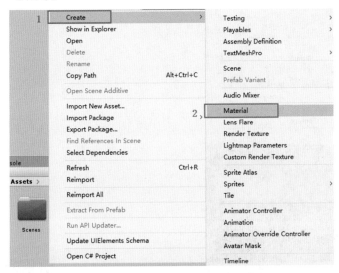

图 2-23 天空盒创建方式（一）

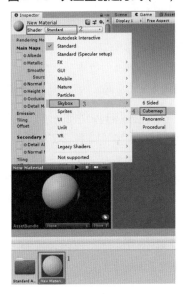

图 2-24 天空盒创建方式（二）

创建材质后，将下载的全景图导入 Unity，选中全景图，在检视视图中将图片的延展方式从 2D 修改为 Cube（立方体模式），然后单击"Apply"（应用）按钮（如图 2-25 所示）。

修改完成后，这张全景图的展现形式将呈现为球形（如图 2-26 所示）。将修改好的全景图指定到材质球后方的来源框中，即可完成天空盒的创建。最后，将这个天空盒直接拖入场景视图中，完成场景的天空盒替换。

图 2-25　天空盒创建方法（三）

图 2-26　天空盒创建方法（四）

替换完成的天空盒还可以调整颜色倾向。例如，对于阴暗一点的环境，可以单击"Tint Color"（着色）后的颜色选框附加一层颜色（如图 2-27 所示），当选择的颜色为紫色时，为天空盒叠加颜色。

② 方式二：为摄像机添加 Skybox 组件，选中层级视图中的摄像机，在它的检视面板中单击"Add Component"（添加组件），在搜索栏中输入"skybox"，以添加相应的组件（如图 2-28 所示）。添加完成，需要一个天空盒的材质指定到 Skybox 组件上（如图 2-29 所示）。指定完成，在场景视图中是没有变化的，需要单击"运行"按钮，或打开游戏视图，才可以发现当前摄像机上已经有了天空盒的应用（如图 2-30 所示）。

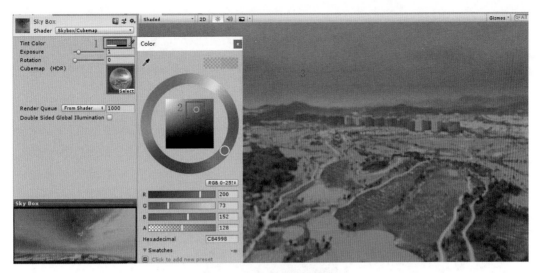

图 2-27　调整天空盒颜色

图 2-28　天空盒创建方式二（一）

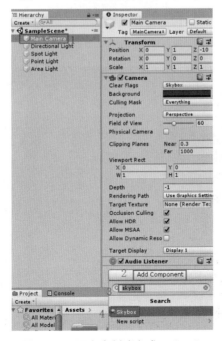

图 2-29　天空盒创建方式二（二）

图 2-30　天空盒创建方式二（三）

2.4　光照系统

　　Unity 中的光照系统，又称为照明系统，它的作用主要是给场景带来光源，用于照亮场景。要使场景变漂亮，恰当的光照系统是必不可少的。整个光照系统由场景全局的光照参数和具体的灯光组件组成。灯光组件由 4 种灯光和 2 种探头组成。其中，灯光还分为 2 种计算方式：实时光照和烘焙光照。实时光照适合在 PC 主机端运行，照明效果好，但是消耗资源较大。烘焙光照通常在移动端运行，照明效果也不错，消耗资源较少。

　　光源（Light）是每个场景的重要组成部分，网格和纹理决定了场景的形状和外观，光源则决定了三维环境的颜色和氛围（如图 2-31 所示）。

图 2-31　场景光照效果

Unity 的 4 种灯光分别为定向光、点光源、聚光灯和区域光，还可以创建 2 种探头：反射探头（Reflection Probe）和灯光探头组（Light Probe Group），分别有不同的应用场景。

Unity 创建灯光的方式与创建其他对象的方式相似：依次选择菜单栏的"GameObject →Light"命令，选择一种灯光类型创建光源（如图 2-32 所示）。

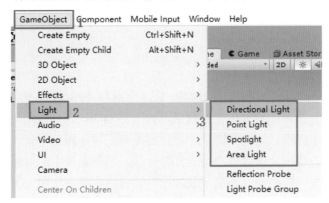

图 2-32　创建一种灯光

1. 灯光参数

4 种类型的灯光参数大致相同，不同的灯光类型在属性上有细微的不同，以下列出主要灯光参数：

❖ Type：灯光类型。所有类型的灯光都公用一个组件，本质上是一样的。

❖ Color：灯光颜色，可以修改。

❖ Mode：灯光照明模式。每种模式对应 Lighting 面板的一组设定。

❖ Real time：实时光照。

❖ Mixed：混合光照。

❖ Baked：烘焙光照。

❖ Intensity：灯光强度。

❖ Indirect Multiplier：计算灯光产生的间接光照（从其他物体反射的光）的强度。

❖ Shadow Type：阴影贴图的类型。

❖ No Shadows：无阴影贴图。

❖ Hard Shadows：硬阴影贴图。

❖ Soft Shadows：光滑阴影边缘（也就是阴影模糊效果）。

❖ Baked Shadow Angle：烘焙阴影的角度。

❖ Real time Shadows Strength：实时阴影强度。

❖ Resolution：阴影贴图分辨率。

❖ Bias：阴影偏移。通常适当增加这个值来修正一些阴影的伪影（伪影，即 Artifacts，是指原本被显示的物体并不存在而在图像上却出现的各种形态的影像。）。

❖ Normal Bias：法线偏移，通常适当减少这个值来修正一些阴影的伪影（不同于 Bias 的使用场合）。

❖ Near Plane：阴影剪切平面。如果游戏对象到光源的距离小于该值，就不会产生阴影。

- ❖ Cookie：在灯光上贴黑白图，模拟一些阴影效果，如贴上网格图模拟窗户栅格效果。
- ❖ Cookie Size：调整 Cookie 贴图大小。
- ❖ Draw Halo：灯光是否显示辉光，不显示辉光的灯本身是看不见的。
- ❖ Flare：使用一张黑白贴图来模拟灯光在镜头中的"星状辉光"效果。
- ❖ Render Mode：渲染模式。
- ❖ Culling Mask：剔除遮罩。

2．Directional Light

Directional Light（定向光，灯光参数如图 2-33 所示）：被放置在无穷远处，可以影响场景中的一切对象，类似自然界中的太阳光照效果（如图 2-34 所示）。定向光非常适合用来模拟阳光，它的特性就像是个太阳，定向光能从无限远的距离投射光源到场景，因此从定向光发出来的光线是互相平行的，也不会像其他类型光源会分散，不管场景中的对象离定向光多远，投射出来的阴影看起来都是一样的，这有利于设置户外场景的照明。定向光没有真正的光源坐标，放置在场景任何位置都不会影响光照效果（如图 2-35 所示），只有旋转会影响定向光的照射结果。并且，定向光的光照强度是不会随着与场景内物体之间的距离增大而衰减的。

在 Unity 中，定向光会与天空盒系统关联，旋转预设的定向光会导致天空盒也跟着更新。如果光源的角度与地面平行，就可以做出日落的效果（如图 2-36 左图所示），把光源转到天空导致变黑就能做出夜晚的效果，从上往下照就会模拟白昼的效果（如图 2-36 右图所示）。

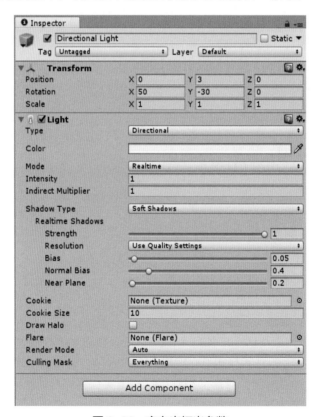

图 2-33　定向光灯光参数

图 2-34 自然界中的太阳光照效果图

图 2-35 不同位置定向光对物体产生的照射效果对比

图 2-36 定向光模拟日落效果和白昼效果

3. Point Light

Point Light（点光源，灯光参数如图 2-37 所示）：从一个位置向四面八方发出光线，影响其照射范围内的所有对象，类似灯泡的照明效果（如图 2-38 所示）。点光源的阴影是较耗费图像处理器资源的光源类型。可以将点光源想象成三维空间里对着所有方向发射光线的一个点，适合用来制作像是灯泡、武器发光或从物体发射出来的爆炸效果。点光源的亮度从中心最强一直到范围属性（Range）设定的距离递减到 0 为止，球形的小图示代表光的"范围"，光线到达此范围边界会"衰减"到 0（如图 2-39 所示）。点光源开启阴影运算是很耗效能的，因此必须谨慎使用。点光源的阴影要在 6 个方向上运算 6 次，因此在硬件配置较低的机器上使用点光源会造成较大的效能负担。

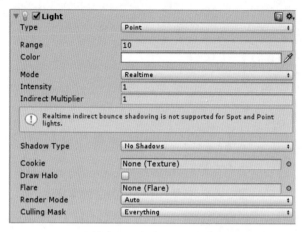

图 2-37　点光源灯光参数

图 2-38　点光源照明效果

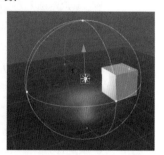

图 2-39　点光源照明范围

4．Spot Light

聚光灯（Spot Light，灯光参数如图 2-40 所示）：从一点发出，在一个方向按照一个锥形的范围照射，该锥形是由聚光灯角度决定的，效果如图 2-41 所示。

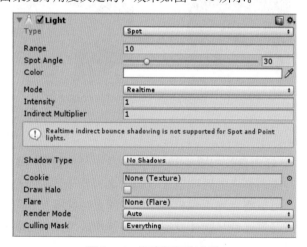

图 2-40　聚光灯灯光参数

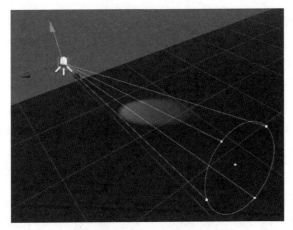

图 2-41　聚光灯照射效果

聚光灯投射一个锥体在它的 Z 轴前方,这个锥体的宽度由投射角度属性控制,光照强度会从源头到设定的范围慢慢衰减到 0,把投射角度的数值加大会让锥体宽度加大,同时让边缘淡化的力度变大,这种现象称为"半影"。聚光灯可以用来模拟路灯、壁灯、手电筒等,也有许多创意用法,因为其投射区域能精确控制,所以很适合用来模拟打在角色身上的光效或模拟舞台灯光效果等。聚光灯也是较耗费图形处理器资源的灯光类型。

5. Area Light

Area Light(区域光/面光源,灯光参数如图 2-42 所示):无法应用于实时光照,它从各方向照射一个平面的矩形截面的一侧(如图 2-43 所示)。区域光可以当作摄影用的柔光灯,在 Unity 中被定义为单面往 Z 轴发射光线的矩形,目前只能与烘焙 GI 一起使用,区域光会均匀照亮作用区域。虽然区域光没有范围属性可以调整,但是光的强度也会随着距离光源越远而递减。值得注意的是,区域光只能用在烘焙模式中,因此不影响运行效能。

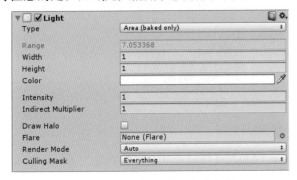

图 2-42　区域光/面光源灯光参数

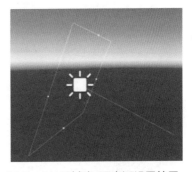

图 2-43　区域光/面光源设置效果

2.5　烘焙模式

当把物体放进场景中,引擎就会计算光线,光线照到物体表面形成反

MOOC 视频

光和阴影，一般有两种情况：当不烘焙物体时，场景运行状态下物体的反光和阴影都是由显卡和 CPU 实时计算出来的；当烘焙物体时，反光和阴影都会记录到模型中，变成新的贴图，场景运行时，显卡和 CPU 不需要对环境光进行运算，可大大节约 CPU 资源。

　　Unity 默认的渲染输出是实时的动态渲染，如果控制场景中灯光的位置、强度可以实时地折射到模型上，那么灯光的更改会影响模型，这个过程就是实时的动态加载效果。同时，模型可以自由地更改位置，受到不同光源的影响，实时呈现出不同的光照效果（如图 2-44 所示）。

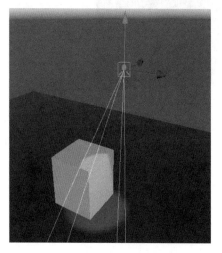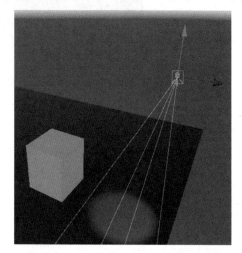

图 2-44　实时动态渲染

　　光照信息调用：打开 Lighting 面板，依次选择"Window → Rendering（渲染）　→ Lighting Settings（光照设置）"命令（如图 2-45 所示）。

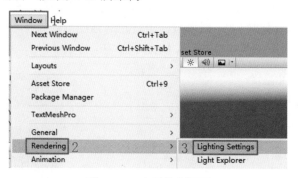

图 2-45　光照信息调用

　　在 Environment（环境）光照选项中，Ambient Mode（环境模式）参数默认为 Realtime（实时），代表当前的首选项是实时渲染（如图 2-46 所示）。

图 2-46　Ambient Mode 参数默认为 Realtime

在 Lighting 面板下还有两个选项：Realtime Lighting（实时渲染）和 Mixed Lighting（混合渲染）。在硬件配置足够的情况下，实时渲染优先（如图 2-47 所示）。

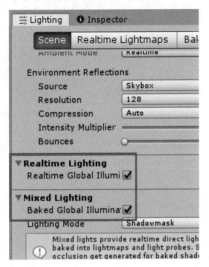

图 2-47　Realtime Lighting 和 Mixed Lighting 选项

在 Lighting 面板的最下方有 Auto Generate（自动生成）选项（如图 2-48 所示），默认不勾选 Auto Generate 选项，用手动点击的方式代替自动生成，这样可以节省计算机运算光照信息的时间。这就是前面提到的第一种渲染类型，实时渲染。

图 2-48　Auto Generate 参数设置

另一种烘焙光照是项目开发的主要方式。烘焙光照的特点是将场景中的光源信息烘焙成为光照贴图，用贴图存储光照，然后引擎会自动将光照贴图与场景模型相匹配。烘焙成为光照贴图后，在场景运行过程中，场景内灯光是不会真正参与实时运算的，而是用事先存储的光照贴图匹配替代。如何设置场景被烘焙渲染呢？

启动 Unity 程序，在场景中创建三盏聚光灯，创建 Plane 为被灯光影响的对象（如图 2-49 所示）。

将这些灯选中，在检视视图中，将 Mode 参数由 Realtime 实时模式改成 Baked 烘焙模式，代表当前灯光仅以烘焙方式存在于当前场景中（如图 2-50 所示）。

接着将参与烘焙的模型更改为静态，勾选 Plane，然后勾选平面的检视视图右上角的 Static，代表当前模型是一个静态模型，不参与实时动态处理（如图 2-51 所示）。

在 Lighting 面板中修改参数。选择 Lighting，将 Ambient Mode 参数修改为 Baked 烘焙模式；取消勾选 Realtime Lighting（如图 2-52 所示），保持烘焙的唯一性，则烘焙会作为系统的首要选择进行锁定。取消勾选 Auto Generate 选项，由手动点击的方式代替 Unity 的自动生成。

设置完成后，单击 Lighting 面板右下角的 Generate Lighting 生成光照贴图，此时便开始进行烘焙过程。经过短暂的烘焙，即可生成当前场景的光照效果。

图 2-49　在场景中设置三盏聚光灯

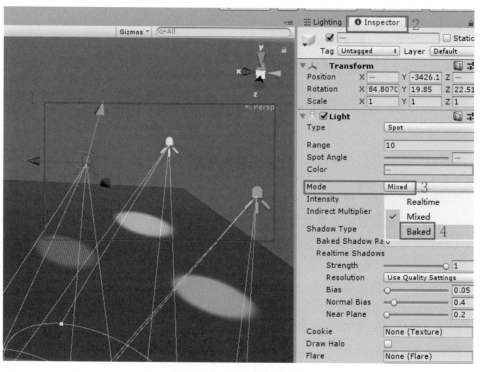

图 2-50　设置烘焙方式

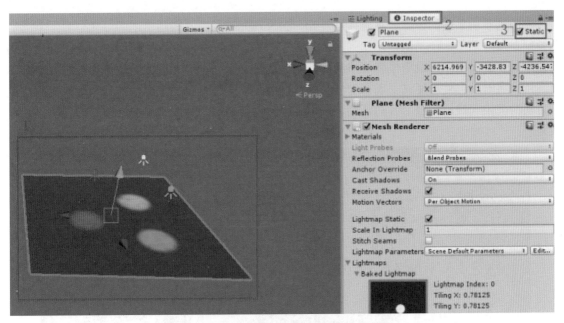

图 2-51 将参与烘焙的对象设置为静态模型

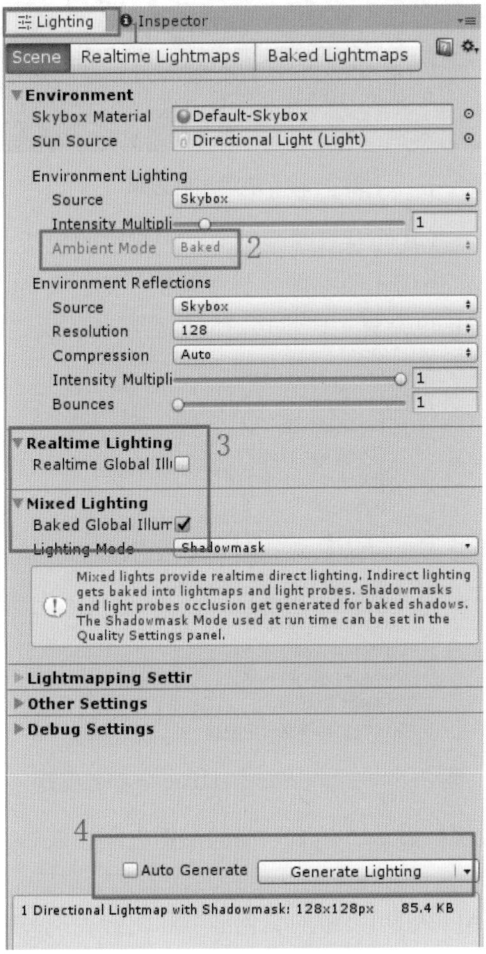

图 2-52 烘焙方式参数设置

此时再看场景中的模型。首先移动灯光，会发现光斑已经不跟随当前的灯光移动。不论是调整灯光照射范围，还是调整光照强度，画面中的光斑亮度并没有发生任何的改变。但是当移动模型时，会发现光斑跟随模型的移动而移动（如图 2-53 所示）。这就是烘焙场景后的效果，由之前的实时动态处理变成了现在的灯光信息以贴图形式附着在模型上，产生光斑效果。这个就是实时渲染与烘焙光照二者的区别，一个是实时动态处理，另一个是通过贴图形式模拟光照效果。

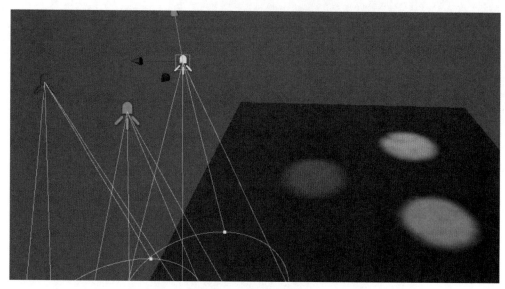

图 2-53　烘焙后的效果

针对于烘焙模式，还有一些其他参数的调整，其中常用的包括如下。

❖ Lightmap Resolution：当前光照贴图分辨率调整（如图 2-54 所示）。烘焙分辨率越高效果越好，光照贴图信息也会更多，烘焙时间也会越长，反之亦然。

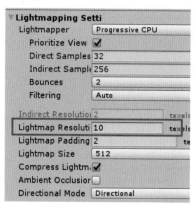

图 2-54　Lightmap Resolution 参数设置

❖ Lightmap Size：一般保持默认，代表当前的贴图大小，该参数值若过小，会影响最终呈现的效果。

❖ Ambient Occlusior（AO 效果）：增加颜色细节和阴影表现，用来优化模型的阴影和转角部分（如图 2-55 所示）。

图 2-55　Ambient Occlusion 参数设置

MOOC 视频

2.6　灯光探头组件

静态烘焙可以大大节省计算机的能耗，但是在 Unity 的场景中不只有静态的对象。比如，一些游戏中的 NPC（Non-Player Character）角色是能动的角色，但他们身上不会出现烘焙记录的光照效果。这样的问题该如何解决呢？

为了应对这种情况，Unity 推出了专门解决该问题的组件 Light Probe Group（灯光探头），可以在烘焙后的场景中模拟实时光照状态下的效果。灯光探头组件在空间中记录了一个光场信息，该光场对非静态物体也有实时照亮作用，但是 Unity 不需再做灯光的各种空间变换、衰减等计算。灯光探头组件就是一种介于灯光和烘焙之间的形态。

启动 Unity 程序，打开之前保存的场景。首先，在场景中创建 Light Probe Group 灯光探头组件，依次选择"Game Object → Light→ Light Probe Group"，添加灯光探头组件（如图 2-56 所示）。创建完成后，灯光探头组件的 UI 由几个球围合而成的立方体区域，在立方体区域中可以模拟相关的光照效果，达到一个光照动态的模拟。

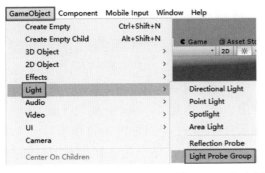
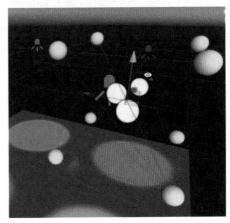

图 2-56　灯光探头组件的创建

在灯光探头组件的检视面板中，单击"Edit Light Probes"编辑按钮，就可以对当前的探头进行拖曳、移动、复制添加新探头，调整影响范围区域（如图 2-57 所示）。

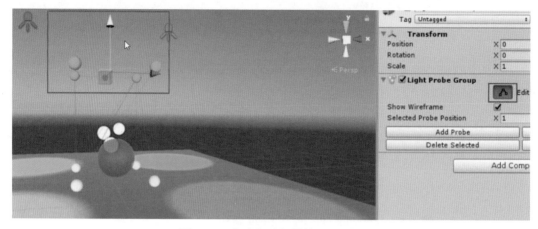

图 2-57　灯光探头组件的设置调整

空间围合后，调整内部区域。为了使光照效果更好，多添加一些探头，在场景中使用快捷键 Ctrl+D 可以进行探头的复制，尽可能使探头在空间中分布均匀（如图 2-58 所示）。

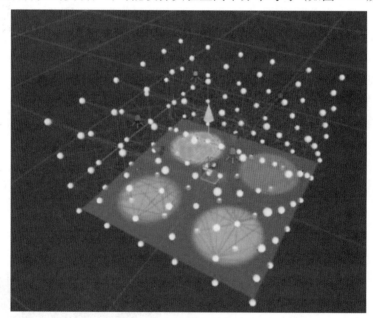

图 2-58　场景中添加探头均匀分布

调整完成，当前区域已经被多个探头所包围。在场景创建一个非静态的物体，如球体，观察该非静态物体在场景中的移动效果（如图 2-59 所示）。

接着进入 Lighting 面板，对场景进行再次烘焙。经过简单的烘焙后，移动非静态的球体。球体受到探头组红色光的照射，在当前模型上产生一个红色光斑。移动到橘色区域，相关原理也会产生相对应的颜色映射，移出该区域，会显示自身的灰白色（如图 2-60 所示）。

在探头组摆放的时候要注意，让探头组组成一个体积范围，角色在整个空间内移动的时候，移动到任何地方都要处在这个体积范围内。探头组件的原理其实就是在场景内形成一个光弥漫的空间。在烘焙光照贴图的同时会烘焙这些灯光探头，这些灯光探头会记录当前自己所在位置的灯光信息，折射到相关区域的模型上，产生模拟动态加载实时效果。

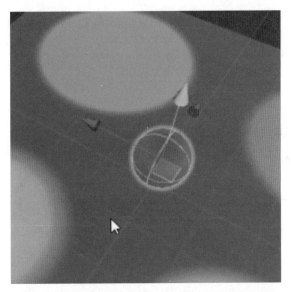

图 2-59　在场景中观察动态对象移动时的光照效果

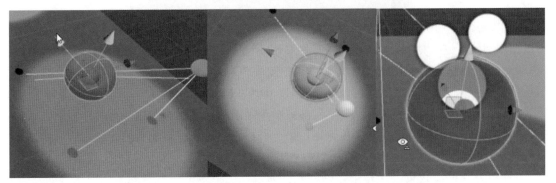

图 2-60　动态对象移动时在不同位置和光照下的显示效果

　　这就是使用灯光探头组件模拟实时光照的效果，从而使运动的物体也能够在烘焙的场景中模拟实时的光照计算。

2.7　渲染模式

　　在 Unity 中，每个物体可以被渲染出来是因为它有模型，模型上面有 Material 材质，而不同材质的观感是由该材质对光的响应而产生的，镜子有镜面反射光，水面会折射反射光，金属则反射环境，木材会产生普通漫反射等，这些不同材质对光的不同响应依托 Shader 完成。

　　Shader（着色器）是专门用来渲染图形的一种技术，其实就是一段代码，告诉 GPU 具体怎样去绘制模型的每个顶点的颜色和最终每个像素点的颜色。在 Unity 中，所有看到的天空盒、场景、角色、模型、特效等都是 Shader 渲染的功劳。材质的核心就是 Shader，贴图需要通过材质才能作用在模型或物体上。模型需要不同的材质表现不同的质感，如皮质、木质等，所以不同质感的材质就需要通过修改对应材质球的 Shader 参数来实现（如图 2-61 所示）。

MOOC 视频

Unity 的内置 Shader 分为 4 种渲染模式：Opaque、Cutout、Fade 和 Transparent（如图 2-62 所示）。

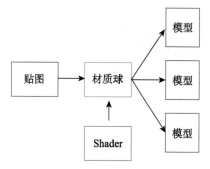

图 2-61　Shader 属性与模型的关系

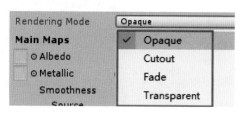

图 2-62　Shader 的渲染模式

1. Opaque

Opaque 负责的是不透明渲染，它的作用主要是渲染所有不透明的物体。在场景布置中会占到 60%左右的比重。

启动 Unity，在 Hierarchy 界面下单击右键，然后在弹出的快捷菜单中选择"3D Object → Cube"，创建一个立方体模型到场景中（如图 2-63 所示）。创建完成后，为它指定一个新的材质，在 Assets 单击右键，然后在弹出的快捷菜单中选择"Create → Material"。创建完成，将该材质拖动到模型上完成材质指定，此时该材质的 Rendering Mode 默认是 Opaque（如图 2-64 所示）。

在其检视视图中，Albedo（反射率）参数影响当前材质贴图和颜色，有两种影响方式：一种可以通过贴图影响模型自身的颜色输出，另一种可以通过色块影响当前的颜色通道输出。

首先选择贴图影响，单击 Albedo 选项后的圆点，为它选择一张方块贴图。选择完成，当前的立方体被方块贴图包裹，这是第一种方式，通过贴图影响模型自身的颜色输出（如图 2-65 所示）。

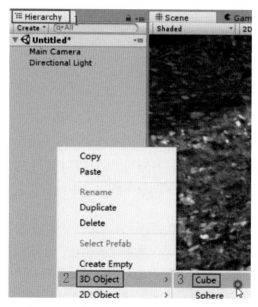

图 2-63　在场景中创建一个立方体模型

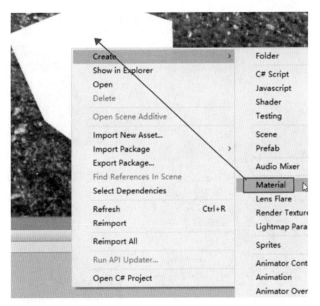

图 2-64　为立方体模型创建 Material 设置 Rendering Mode 默认值 Opaque

图 2-65　用贴图设置 Albedo 参数

第二种方式配合贴图进行呈现。可以为它指定一个颜色倾向，控制模型的颜色输出，二者可以叠加颜色，颜色可以叠加在贴图通道上来进行输出显示，当叠加的颜色为白色时，不影响贴图原本的颜色（如图 2-66 所示）。

2. Cutout

镂空渲染主要是作用于渲染镂空的物体，通常在做细节表现时使用。比如，镂空金丝网或者粗布麻衣，不会直接用模型表现，通常会用张贴图来代替它的复杂纹理。

导入学习资源的素材。选择 Cutout 贴图，导入 Assets 资源进行管理（如图 2-67 所示）。

图 2-66　用颜色设置 Albedo 参数

图 2-67　将 Cutout 贴图导入 Assets

在 Hierarchy 界面下单击右键，在弹出的快捷菜单中选择 "3D Object → Plane"，完成平面创建。创建材质，在其检视面板中将渲染模式由 Opaque 更改为 Cutout（如图 2-68 所示），将贴图指定到 Albedo 复选框。再将材质球赋予模型进行当前模型材质的替换（如图 2-69 所示）。

选中 Cutout 贴图，在 Inspector 下更改当前贴图的输出类型。在 Alpha Source 选项中有两种形式，第一种导入图片自身的贴图 Alpha 通道。如果该贴图本身没有 Alpha 通道，选择第三个 From Cray Scale 通过影响贴图灰度值选择剪切范围，点击 Apply 应用（如图 2-70 所示）。

图 2-68　为平面设置 Rendering Mode 值为 Cutout

图 2-69　用贴图设置平面的 Albedo 参数

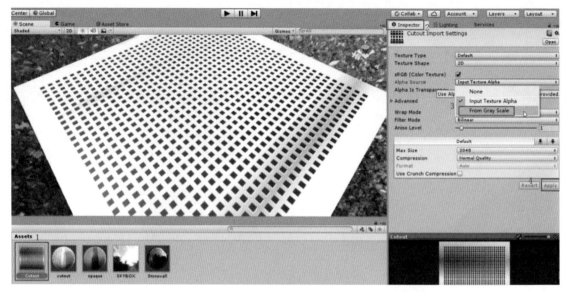

图 2-70　设置贴图的输出类型

　　应用完成，平面模型 Plane 的黑色部分会被剪切掉（如图 2-71 所示），但是当前剪切的范围并不理想，返回到模型材质的检视面板，调整它的 Alpha Cutoff 取值到合适的取值即可，只把黑色部分剪切掉，仅用贴图实现镂空的效果（如图 2-72 所示）。这就是第二种渲染类型 Cutout，可以根据颜色输出来进行剪切（默认是从黑色开始剪切），最终将黑色剪切掉。

图 2-71　设置贴图输出的平面模型效果

图 2-72　调整 Alpha Cutoff 值后的屏幕模型效果

3. Fade

一种透明度的显示方式可以通过控制物体的 Alpha 值影响物体的显隐程度，达到实体和透明之间过渡的效果，即 Fade。

创建一个新的材质球。将它的 Rendering Mode 更改为 Fade（如图 2-73 所示）。创建一个 Cube，将材质球指定到 Cube 模型，完成材质球替换。在检视面板的 Fade 选项下，调整 Albedo 后的颜色方块参数的 Alpha 值，控制当前模型的透明度效果（如图 2-74 所示）。

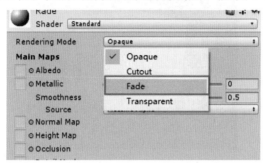

图 2-73　将对象的 Rendering Mode 值设为 Fade

图 2-74　调整 Albedo 的 Alpha 值设置透明度效果

4. Transparent

Transparent 用于渲染透明物体，一般会来制作场景中的玻璃，或者是反光性比较强的半透明物体。下面利用它来做一个玻璃的效果。

在 Unity 中创建材质球，将 Rendering Mode 改为 Transparent。创建一个新的 Cube，将材质

球指定到 Cube 上；同样，还是设置 Albedo 后颜色块的 Alpha 的值，当 Alpha 值调整到最低，Cube 仍有残留的颜色属性，这就是 Transparent 与 Fade 的区别，Fade 会完全消失，但 Transparent 仍然会保留颜色的最终输出（如图 2-75 所示）。一般，玻璃是具有一些金属属性的，而且表面特别平滑，在 Unity 中，使用透明渲染模式的参数调整可以实现很具有质感的玻璃效果。

图 2-75 将 Rendering Mode 设为 Transparent 后将 Albedo 的 Alpha 值设为较低的效果

图 2-76 调整 Metallic 参数和 Smoothness 参数产生玻璃效果

在 Transparent 的检视面板中，Metallic 参数用于控制场景中物体的金属程度，可以通过该参数下的滑块影响金属度输出，为它适当调出一些金属质感；Smoothness 参数用于设置平滑值，可以提高物体的平滑程度，平滑度越高，对于周边环境的反射效果就越强，而且产生光感会更趋近于玻璃的感觉（如图 2-76 所示）。

2.8 地形系统

场景在项目开发中占据重要部分，不但是衬托主体、展现内容中不可缺少的要素，而且是营造气氛、增强艺术表现力和感染力、吸引观众注意

MOOC 视频

的有效手段之一。下面介绍一个简单地形案例。

① 启动 Unity，选择菜单栏的"GameObject →3D Object（3D 对象）→Terrain（地形）"命令，创建一个地形，新创建的地形会在 Assets 文件夹下创建一个地形资源，并在 Hierarchy 视图中生成一个地形实例（如图 2-77 所示）。

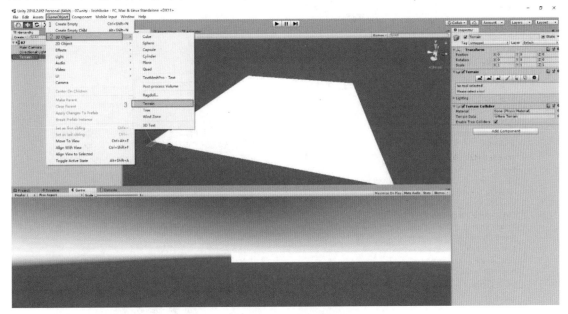

图 2-77　创建地形

② 设置地形的分辨率。在 Hierarchy 视图中选择 Terrain，然后在 Terrain 的 Inspector 视图中单击 Terrain 的"地形设置"按钮 ✿，将 Resolution（分辨率）下的 Terrain Width（地形宽度）设置为 300，Terrain Length（地形长度）设置为 300（如图 2-78 所示）。

③ 在 Terrain 的 Inspector 视图中，单击 Terrain 下的 Paint Height（绘制高度）按钮 ▲，将 Height（高度）设置为 10，同时单击 Flatten，此时整个地形会向上抬升 10 个单位（将地形的高度抬升是为了让地形可以往下刷）。在 Brushes 列表中选择其中一个笔刷样式，再将 Settings 下的 Brush Size（笔刷大小）设置为 100、Opacity（质量）设置为 2（如图 2-79 所示）。

④ 抬升地形高度，用来制作山脉。在 Terrain 的 Inspector 视图中，单击 Terrain 的抬升或者下降按钮 ▲，选择 Brushes 笔刷下的笔刷样式，然后将 Settings 下的 Brush Size 设置为 100、Opacity 设置为 2。再将鼠标移动到 Scene 视图的地形中，此时地形上会出现笔刷形状的蓝色的区域，按住鼠标左键并拖动，即可抬升高度（如图 2-80 所示）。绘制地形的山脉时，可以通过不同的笔刷样式，设置不同的 Brush Size 值来绘制不同的山脉和细节。

⑤ 降低地形高度，用来绘制湖泊。在 Terrain 的 Inspector 视图中，单击 Terrain 的抬升或者下降按钮 ▲，选择 Brushes 下的笔刷样式，然后将 Settings 的 Brush Size 设置为 100、Opacity 设置为 2。在 Scene 视图中按住 Shift 键并单击，即可降低地形高度（如图 2-81 所示）。绘制地形的湖泊时，可以通过不同的笔刷样式，设置不同的 Brush Size 值，来绘制湖泊的细节。

⑥ 平滑地形。在 Terrain 的 Inspector 视图中，单击 Terrain 的平滑按钮 ▲，选择 Brushes 下的笔刷样式，在 Scene 视图中，用鼠标左键拖动可以柔化地形，使得地形的起伏更加平滑（如图 2-82 所示）。Opacity 的值越大，平滑的效果越明显。

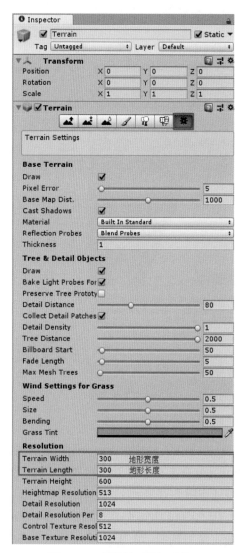

图 2-78　设置地形的长和宽

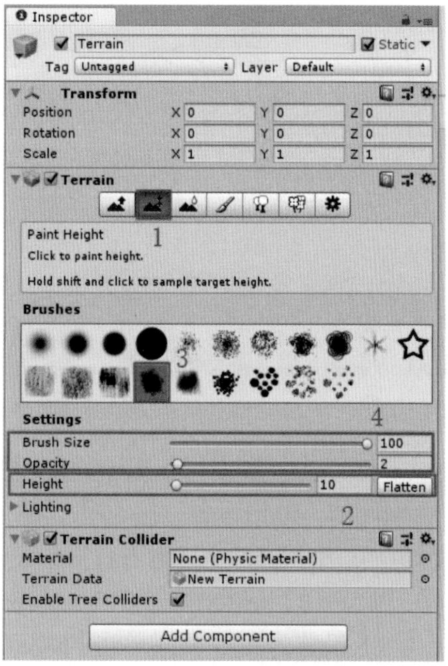

图 2-79　设置绘制高度按钮参数

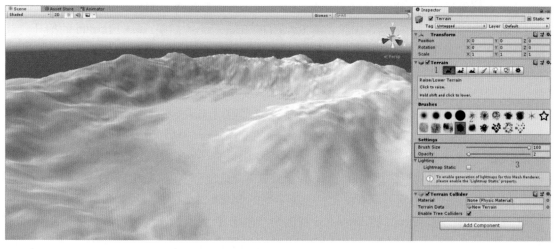

图 2-80　绘制地形山脉

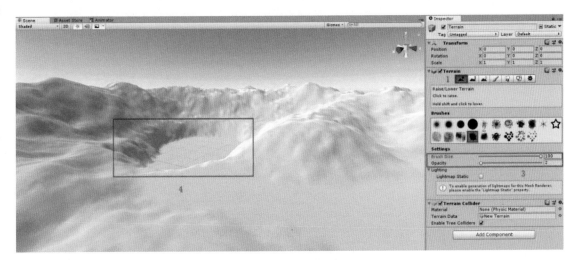

图 2-81　绘制湖泊

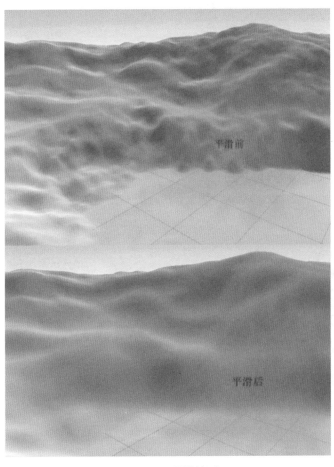

平滑前

平滑后

图 2-82　平滑地形

MOOC 视频

素材下载

⑦ 后面的操作会用到资源素材，所以需要导入环境资源包。依次选择菜单栏的"Assets →
Import Package → Environment"命令，弹出 Importing Package 对话框，先单击"All"（确保资
源全选）按钮，再单击"Import"按钮。导入完成后，环境资源就导入项目工程了，在 Project
视图的 Assets 文件夹下可以看到导入的环境资源（如图 2-83 所示）。

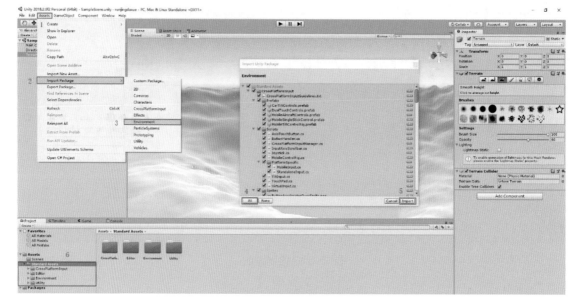

图 2-83 导入环境资源包

Environment 是 Unity 提供的标准资源包，用户可以在 Unity 官网上自行下载。

⑧ 绘制地形的纹理。在 Terrain 的 Inspector 视图中，单击 Terrain 的纹理笔刷按钮 ，然后单击 Edit Textures 编辑材质按钮，选择 Add Texture 添加材质，弹出 Add Terrain Texture（添加地形材质）对话框，单击 Albedo（RGB）反照率贴图中 Texture2D 贴图下的"Select"按钮，弹出 Select Texture2D（选择 2D 贴图）对话框，选择 GrassHillAlbedo，弹出 Add Terrain Texture 对话框，单击其中的"Add"按钮（如图 2-84 所示）。

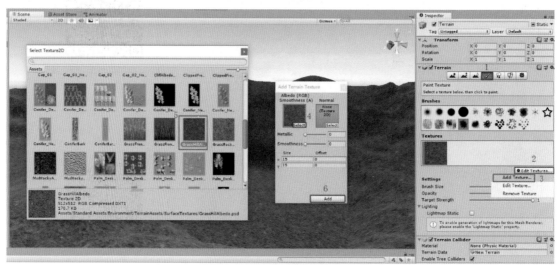

图 2-84 添加纹理贴图

⑨ 绘制其他纹理。按照上一步操作，继续添加名为 GrassRockyAlbedo 和名为 CliffAlbedo-Specular 的纹理，然后分别选择这两个纹理，在地形上进行绘制（如图 2-85 所示）。

⑩ 添加树木。在 Terrain 的 Inspector 视图中，单击 Terrain 下的树笔刷按钮 ，单击"Edit Trees"按钮，选择 Add Tree 添加树选项，弹出 AddTree 对话框，单击 Tree 右侧的 按钮，在

图 2-85　绘制其他纹理

弹出的 Select GameObject（选择游戏对象）对话框中选择 Broadleaf_Mobile，最后在弹出的"Add Tree"对话框中单击"Add"按钮，Broadleaf_Mobile 就被添加到 Terrain 组件中树笔刷按钮 Trees 的下方（如图 2-86 所示）。

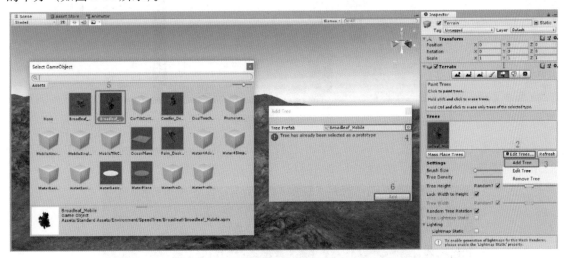

图 2-86　添加树木

⑪ 在检视视图中选择"Broadleaf_Mobile"，将 Brush Size 设置为 1，将 Tree Height（树高度）设置到合适的大小，在 Scene 视图中的地形中单击鼠标，进行种树（如图 2-87 所示）。

⑫ 添加草。在 Terrain 的检视视图中，单击"Terrain"的细节绘制按钮 ，再单击"Edit Details"（编辑细节）按钮，选择"Add Grass Texture"（添加草贴图）选项，弹出"Add Grass Texture"对话框；单击"Detail Texture"（细节贴图）右侧的 ⊙ 按钮，弹出"Select Texture2D"（选择 2D 贴图）对话框，选择"GrassFrond01AlbedoAlpha"，单击"Add"按钮，GrassFrond01-AlbedoAlpha 就被添加到 Terrain 组件的细节绘制按钮 Details 的下方（如图 2-88 所示）。

图 2-87　在地形上绘制树木

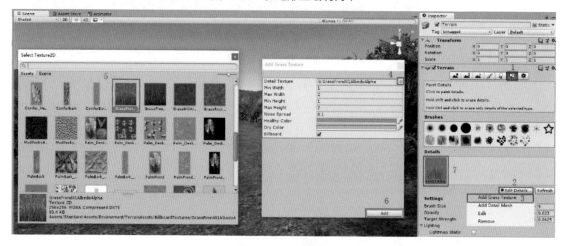

图 2-88　添加草

⑬ 在地形上绘制草。在 Inspector 视图中选择 "GrassFrond01AlbedoAlpha"，将 Brush Size 和 Opacity 调节到合适的值，在地形上单击鼠标，进行绘制草（如图 2-89 所示）。

图 2-89　在地形上绘制草

⑭ 添加水资源。在 Project 视图中，打开 Assets → Standard Assets → Environment → Water →Water 文件夹下的 Prefabs 文件夹，将 WaterProDaytime 水资源预设体拖到 Scene 视图的地形的坑中（如图 2-90 所示）。

图 2-90　添加水资源

⑮ 在 Hierarchy 视图中选中 WaterProDaytime，按快捷键 R 键，在 Scene 视图中拉伸水资源的大小，使其覆盖整个坑，按快捷键 W 键；在 Scene 视图中，将水资源移动到合适的位置（如图 2-91 所示）。

图 2-91　调整水资源的大小和位置

以上就是简单地形案例的绘制。

2.9 物理系统

Unity 为用户提供了可靠的物理引擎系统，当一个游戏对象运行在场景中，进行加速或碰撞，需要为玩家展示最为真实的物理效果。Unity 提供了多个物理模拟的组件，通过修改对应的参数，使游戏对象表现出与现实相似的各种物理行为。

1. Collider（碰撞体）

在游戏制作过程中，游戏对象要根据游戏的需要进行物理属性的交互。因此，Unity 的物理组件为游戏开发者提供了碰撞体组件。碰撞体是物理组件的一类，与刚体一起促使碰撞发生。

Box Collider 是最基本的碰撞体，是一个立方体外形的基本碰撞体。Box Collider 一般用于墙壁、门等，也可以用于布娃娃的角色躯干或者汽车等交通工具的外壳。

Sphere Collider 是一个基于球体的基本碰撞体。当游戏对象的物理形状是球体时，使用球体碰撞体，如落石、乒乓球等游戏对象。

Capsule Collider 是由一个圆柱体和两个半球组合而成的，其半径和高度都可以单独调节，可通过角色控制器与其他不规则形状的碰撞结合来使用。

Mesh Collider 根据 Mesh 形状产生碰撞体，比 Box Collider、Sphere Collider 和 Capsule Collider 更加精确，但会占用更多的系统资源，用于复杂网格生成的模型。

Wheel Collider 是一种针对地面车辆的特殊碰撞体，自带碰撞侦测、轮胎物理现象和轮胎模型，专门用于处理轮胎。

① 启动 Unity 应用程序，选择菜单栏的 GameObject → 3D Object → Plane，完成平面的创建；再选择菜单栏的 GameObject → 3D Object → Cube，完成立方体的创建（如图 2-92 所示）。

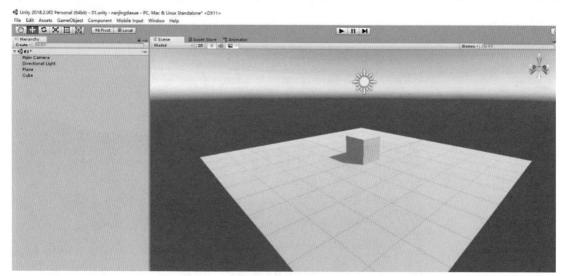

图 2-92　创建基本几何物体

② 选择 Cube，按 Ctrl+D 组合键，复制 3 个 Cube；按快捷键 R 键，在 Scene 视图中拉伸这 4 个 Cube，最后按快捷键 W 键；在 Scene 视图中，分别将这 4 个 Cube 移动到合适的位置（如图 2-93 所示）。

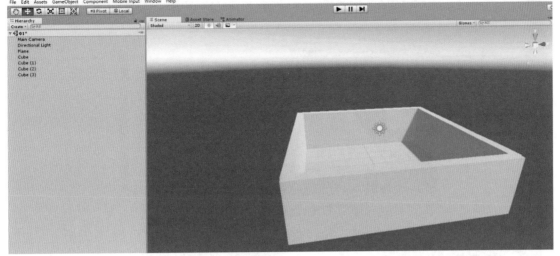

图 2-93　调整场景中 Cube 的参数

③ 选择这 4 个 Cube，在检视视图中找到 Mesh Renderer 网格渲染器组件，取消前面的勾选，Cube 将不被渲染出来（如图 2-94 所示）。

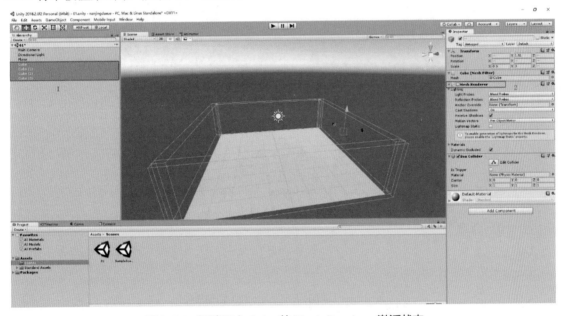

图 2-94　取消四个 Cube 的 Mesh Renderer 激活状态

④ 依次选择菜单栏的"Assets → Import Package→ Character（人物）"命令，弹出"Importing Package"对话框，先单击"All"按钮，以确保资源全选；再单击"Import"按钮，等待进度条加载完成，角色资源就导入项目工程中了。在 Project 视图的 Assets 文件夹下，可以看到导入的角色资源（如图 2-95 所示）。

⑤ 添加第一人称控制器。在 Project 视图中，打开 Assets → Standard Assets → Characters → FirstPersonCharacter 第一人称角色文件夹下的 Prefabs 预设体文件夹，将 FPSController 预设体拖到 Scene 视图的 Plane 中间，删除 Scene 视图的 Main Camera（如图 2-96 所示）。

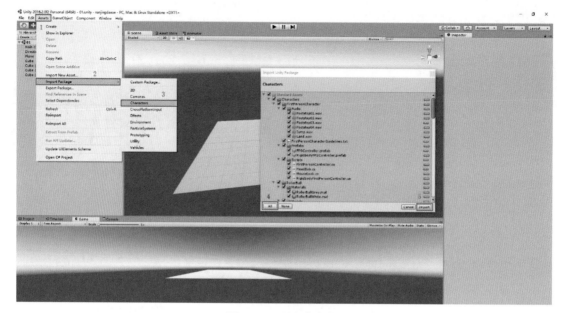

图 2-95　导入角色包

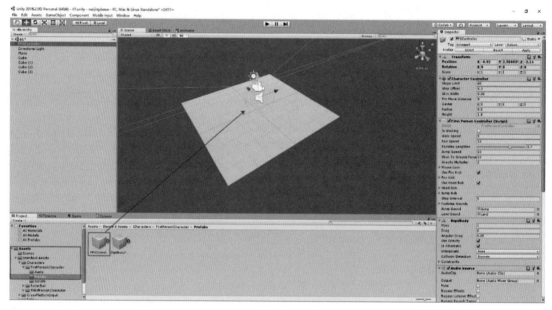

图 2-96　添加 FPSController 到场景中

⑥ 运行场景，受到四周碰撞体的影响，第一人称控制器不会从 Plane 上掉落，从而实现了空气墙的效果。

2. Rigidbody（刚体）

Rigidbody（刚体）组件可使游戏对象在物理系统的控制下运动，刚体可接受外力与扭矩力从而保证游戏对象在真实世界中那样进行运动。任何游戏对象只有添加了刚体组件才能受到重力的影响。通过脚本为游戏对象添加的作用力、通过 NVIDIA 物理引擎与其他游戏对象发生互动的运算都需要游戏对象添加 Rigidbody 组件。

① 启动 Unity 应用程序，选择菜单栏的 GameObject → 3D Object →Plane，完成平面的创建；再选择菜单栏的 GameObject → 3D Object → Sphere，完成球体的创建；在 Hierarchy 面板中，选择 Sphere 后按快捷键 Ctrl+D，复制一个，并调整副本的 Sphere 的位置参数（如图 2-97 所示）。

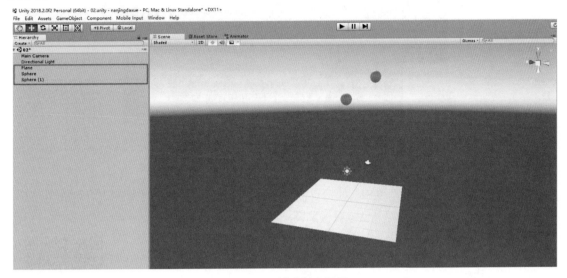

图 2-97 搭建基本场景

② 在 Hierarchy 面板中选择两个球体，选择菜单栏的"Component → Physics → Rigidbody"命令，完成组件的添加（如图 2-98 所示）。

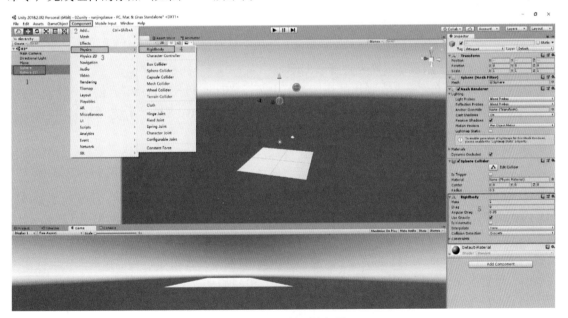

图 2-98 添加刚体组件

③ 选择菜单栏的"Edit → Project Settings → Physics（物理系统）"命令，打开 Physics Manager（物理系统管理器），更改 Gravity（重力加速度，Y 轴）的参数，由默认的-9.81 改为 -0.1（如图 2-99 所示）。Gravity 为 Unity 物理系统的重力加速度，Y 轴负值代表每秒在 Y 轴负

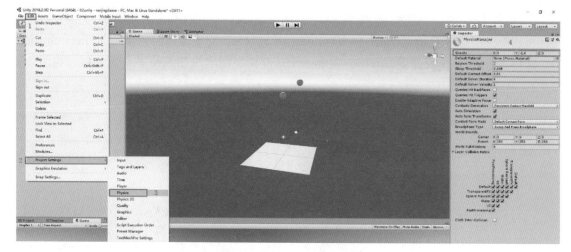

图 2-99　更改 Gravity 参数

方向的加速度，默认为地球的-9.81。如项目需要，可对其修改，如模拟月球环境可更改为-1.63。
单击"运行"按钮，则两个小球缓慢降落，模拟低重力环境。

2.10　粒子系统

MOOC 视频

粒子系统采用模块化管理，配合粒子曲线编辑器，用户更容易创作出
各种缤纷复杂的特效效果。

1. 下雨案例

① 启动 Unity 应用程序，将贴图导入 Unity。

② 右击 Assets 文件夹，在弹出的快捷菜单中选择"Create → Material"，创建一个材质球，
命名为 Raindrop_01；将材质球的 Shader 改为 Particals/Additive（粒子系统/附加），再将贴图
Raindrop_01 拖进 Select 的正方形框（如图 2-100 所示）。

③ 选择菜单栏的 GameObject → Effects（特效）→ Particle System（粒子系统），即可创建
一个粒子系统（如图 2-101 所示）。

④ 在 Inspector 视图中设置各项粒子参数。Start Lifetime（起始生命周期，决定粒子持续时
间）设置为 2，Start Speed（起始速度，越大粒子速度越快）设置为 20，Start Size（起始大小，
越大粒子尺寸越大）设置为 0.5；在 Emission（发射模块）中，将 Rate（每秒发射粒子的数量）
设置为 300；在 Shape（形状）模块中，单击 Shape 右侧的三角按钮，在下拉列表中选择 Box
（盒状），设置 Scale（缩放）的 XYZ 为 50（如图 2-102 所示）。

⑤ 设置 Renderer 参数，将粒子的参考图中是 Render mode 设置为 stretched billboard，且
Material 的参数设置为 Raindrop_01 材质（如图 2-103 所示）。

⑥ 对 Velocity over Lifetime（速度生命周期）和 Force over Lifetime（作用力生命周期）的
参数进行调整（如图 2-104 所示）。

完成后的效果如图 2-105 所示。

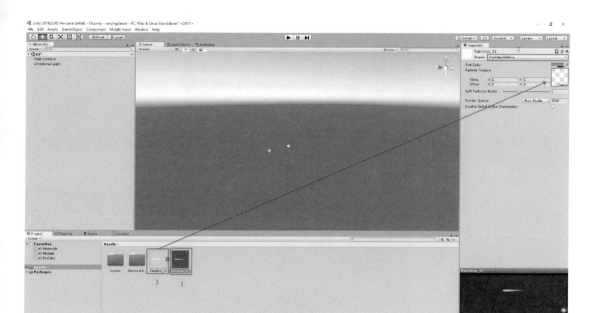

图 2-100　设置材质球参数

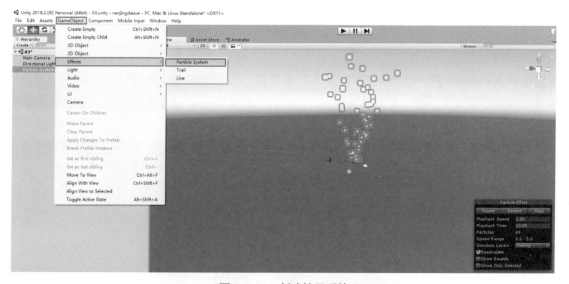

图 2-101　创建粒子系统

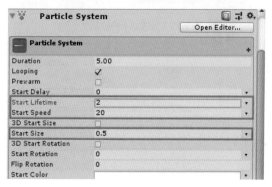

图 2-102　设置粒子参数（一）

图 2-102　设置粒子参数（一）（续）

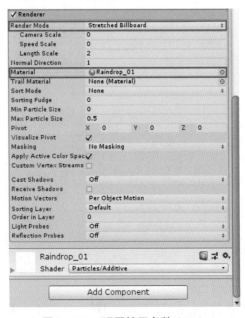

图 2-103　设置粒子参数（二）

图 2-104　设置粒子参数（三）

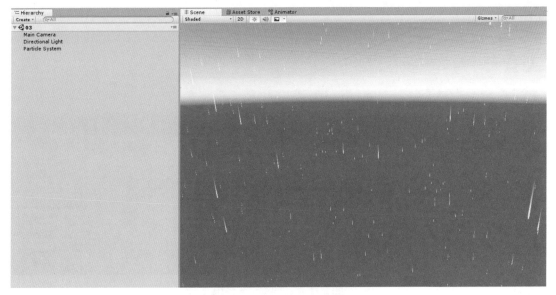

图 2-105　下雨案例效果

2. 火焰案例

① 启动 Unity 应用程序，将贴图导入 Unity。

② 右击 Assets 文件夹，在弹出的快捷菜单中选择 "Create → Material"，创建一个材质球，命名为 ani0059；将材质球的 Shader 改为 "Particals/Additive"，再将贴图 ani0059 拖进 Select 的正方形框（如图 2-106 所示）。

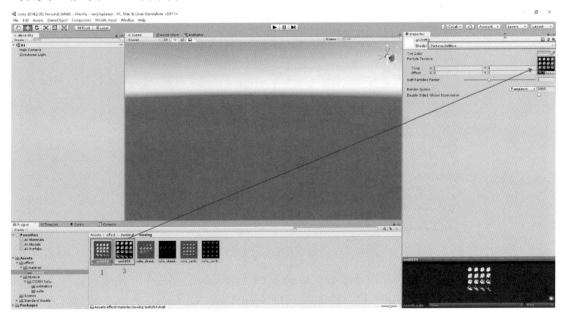

图 2-106　设置材质球参数

③ 选择菜单栏的 "GameObject → Effects → Particle System" 命令，即可创建一个粒子系统（如图 2-107 所示），按 F2 键，命名为 "Flame core"。

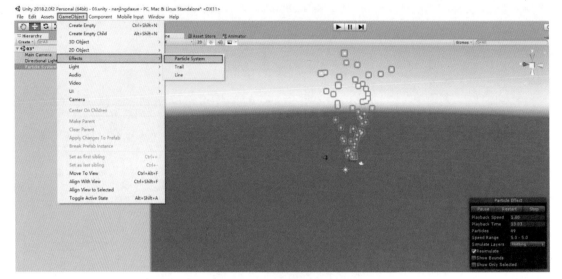

图 2-107　创建粒子系统

④ 设置 Renderer 参数，将 Material 的参数设置为名为 ani0059 的火焰材质。由于焰心制作使用的是序列帧贴图（一种通过切换帧图像实现动态图像效果的贴图类型），调整"Texture Sheet Animation"模块，按照贴图纵横比填写 X、Y 数值为 4、4，将按照裁切后的顺序进行序列帧播放（如图 2-108 所示）。

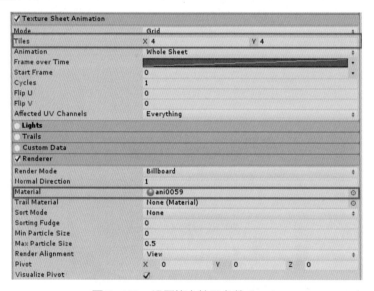

图 2-108　设置焰心粒子参数（一）

⑤ 在检视视图中设置各项粒子参数。单击 Start Lifetime 右侧的下三角按钮，在下拉列表中指定 Start Lifetime 值的变化方式为 Random Between Two Constants（在两个常数值之间随机选择），并将两个常数值分别设为 1 和 1.2。单击 Start Speed 右侧的下三角按钮，在下拉列表中指定 Start Speed 值的变化方式为 "Random Between Two Constants"，将两个常数值分别设为 1 和 2.5。单击 Start Size 右侧的下三角按钮，在下拉列表中指定 Start Size 值的变化方式为"Random Between Two Constants"，将两个常数值分别设为 0.8 和 1.2。单击 Start Rotation 右侧的下三角

按钮，在下拉列表中指定 Start Rotation 值的变化方式为"Random Between Two Constants"，将两个常数值分别设为 0 和 360。Shape 的 Radius 参数设为 0.1（如图 2-109 所示）。

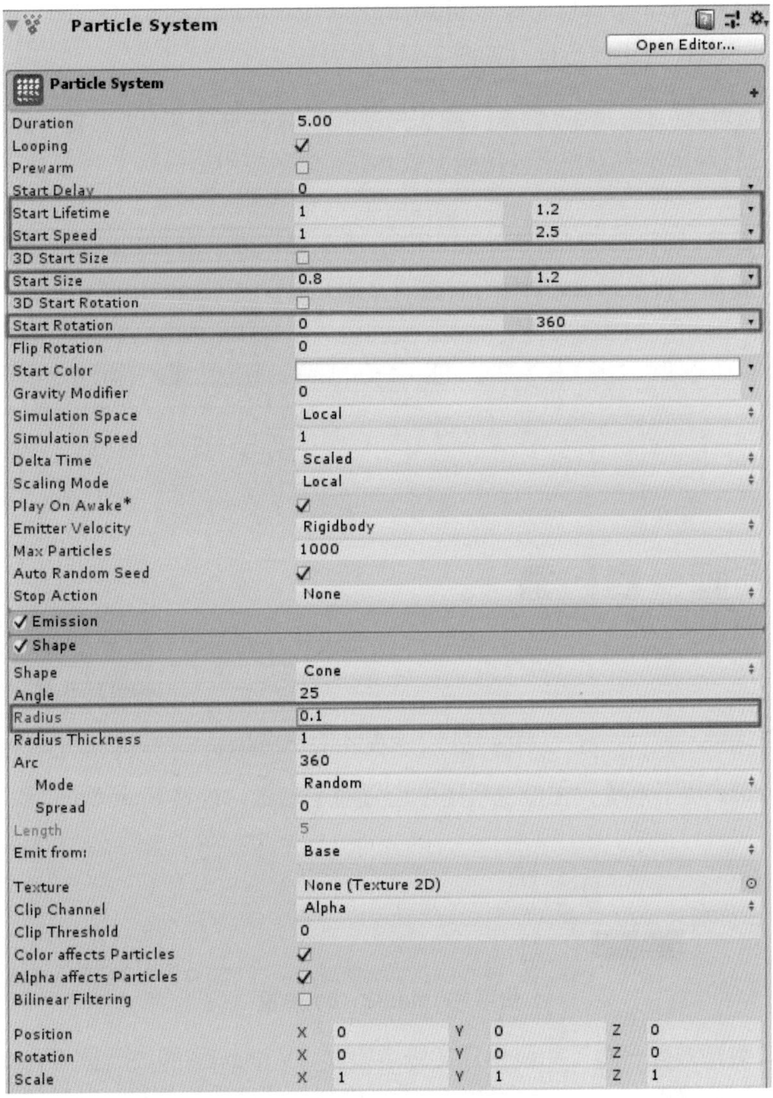

图 2-109 设置焰心粒子参数（二）

⑥ 设置 Color over Lifetime 参数（如图 2-110 所示）。

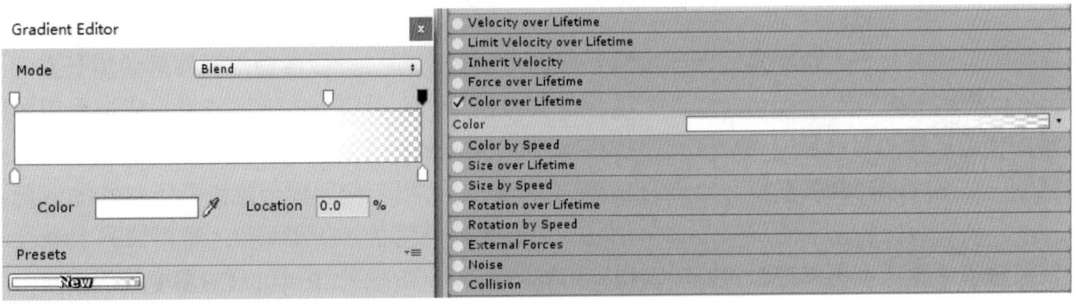

图 2-110 设置焰心粒子参数（三）

⑦ 按 Ctrl+D 键，复制一个 Flame core 粒子系统，作为 Flame core 的子集，更名为 Smoke。右击 Assets 文件夹，在弹出的快捷菜单中选择"Create → Material"命令，创建一个材质球，命名为"xulie_yan091_4×4"；将材质球的 Shader 改为"Particals/Alpha Blended"，再将贴图 xulie_yan091_4×4 拖进 Select 的正方形框（如图 2-111 所示）。

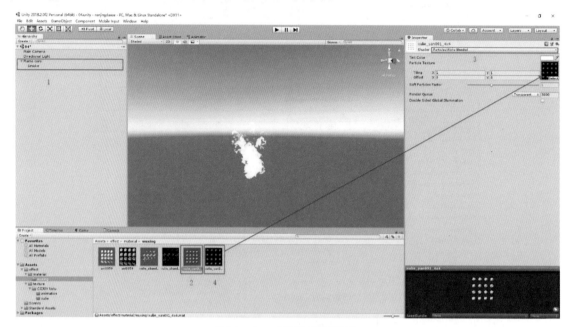

图 2-111　设置材质球参数

⑧ 选择 Smoke 粒子系统，在检视视图中设置粒子参数，设置 Start Color 参数（如图 2-112 所示）。

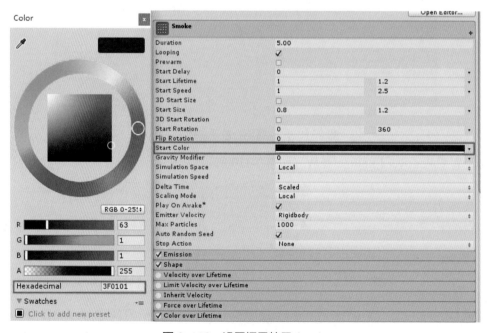

图 2-112　设置烟雾粒子（一）

⑨ 设置 Renderer 参数，将 Material 的参数设置为"xulie_yan091_4×4"材质，将 Sorting Fudge 参数更改为 1（如图 2-113 所示）。

✓ Renderer	
Render Mode	Billboard
Normal Direction	1
Material	⦿ xulie_yan091_4x4
Trail Material	None (Material)
Sort Mode	None
Sorting Fudge	1
Min Particle Size	0
Max Particle Size	0.5
Render Alignment	View
Pivot	X 0　　　　Y 0　　　　Z 0
Visualize Pivot	✓
Masking	No Masking
Apply Active Color Space	✓
Custom Vertex Streams	☐
Cast Shadows	Off
Receive Shadows	☐
Motion Vectors	Per Object Motion
Sorting Layer	Default
Order in Layer	0
Light Probes	Off
Reflection Probes	Off

图 2-113　设置烟雾粒子（二）

⑩ 按 Ctrl+D 键，复制一个 Flame core 粒子系统，作为 Flame core 的子集，更名为"Details"，删除 Details 的子集。右击 Assets 文件夹，在弹出的快捷菜单中选择"Create → Material"命令，创建一个材质球，命名为"xulie_shandian061_4x4"；将材质球的 shader 改为"Particals/ Additive"，再将贴图 xulie_shandian061_4×4 拖进 Select 的正方形框（如图 2-114 所示）。

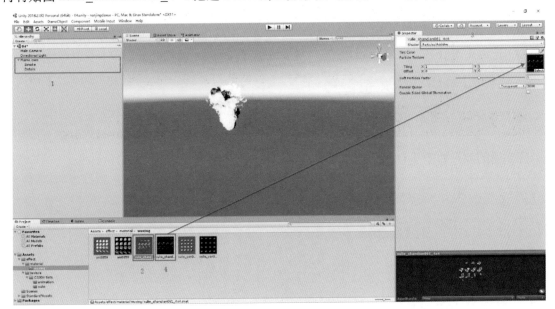

图 2-114　设置材质球参数

⑪ 选择 Details 粒子系统，在检视视图中设置粒子参数，单击 Start Size 右侧的下三角按钮，在下拉列表中指定 Start Size 值的变化方式为"Constant"，并将参数设为 0.2（如图 2-115 所示）。

⑫ 设置 Renderer 参数，将 Material 的参数设置为"xulie_shandian061 _4×4"材质，将 Sorting Fudge 参数更改为"-1"（如图 2-116 所示）。

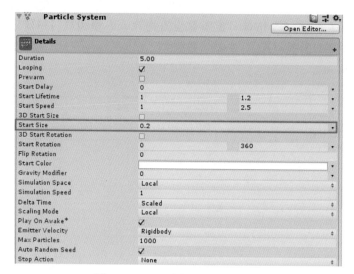

Particle System		Open Editor...

Details		
Duration	5.00	
Looping	✓	
Prewarm	☐	
Start Delay	0	
Start Lifetime	1	1.2
Start Speed	1	2.5
3D Start Size	☐	
Start Size	0.2	
3D Start Rotation	☐	
Start Rotation	0	360
Flip Rotation	0	
Start Color		
Gravity Modifier	0	
Simulation Space	Local	
Simulation Speed	1	
Delta Time	Scaled	
Scaling Mode	Local	
Play On Awake*	✓	
Emitter Velocity	Rigidbody	
Max Particles	1000	
Auto Random Seed	✓	
Stop Action	None	

图 2-115 设置细节粒子（一）

✓ Renderer	
Render Mode	Billboard
Normal Direction	1
Material	xulie_shandian061_4x4
Trail Material	None (Material)
Sort Mode	None
Sorting Fudge	-1
Min Particle Size	0
Max Particle Size	0.5
Render Alignment	View
Pivot	X 0 Y 0 Z 0
Visualize Pivot	✓
Masking	No Masking
Apply Active Color Space	✓
Custom Vertex Streams	☐
Cast Shadows	Off
Receive Shadows	☐
Motion Vectors	Per Object Motion
Sorting Layer	Default
Order in Layer	0
Light Probes	Off
Reflection Probes	Off

图 2-116 设置细节粒子（二）

完成后的效果如图 2-117 所示。

图 2-117 火焰案例效果

2.11　项目发布流程

近年来，随着手机、平板电脑等移动设备的兴起，VR 开发平台不再局限于台式计算机和笔记本电脑。为了使 VR 开发人员开发的作品成功地运行在多种平台上，现在流行的 VR 开发引擎都具有多平台发布功能。

作为一款跨平台的 VR 开发工具，Unity 从一开始就被设计成便于使用的产品。随着网络技术的迅速发展，Unity 功能不断增强，不仅支持 Windows，也支持 Android、Web、PS3、XBox、iOS 等众多应用平台（如图 2-118 所示）。

图 2-118　Unity 支持的应用平台

PC 端的 Windows 是最常见的运行平台之一。这里以发布 PC 端 Windows 平台的可执行程序为例讲解 Unity 的项目发布。

① 在 Unity 中需要发布项目时，选择菜单"File → Build Settings"命令，打开发布设置界面（如图 2-119 所示）。

② 单击"Add Open Scenes"按钮，添加需要发布的场景。在 Platform 列表框中，可以选择当前项目的发布平台，如第一个适用于"PC, Mac&Linux Standalone"选项，在右侧的 Target Platform 下拉列表中选择"Windows"选项（如图 2-120 所示）。

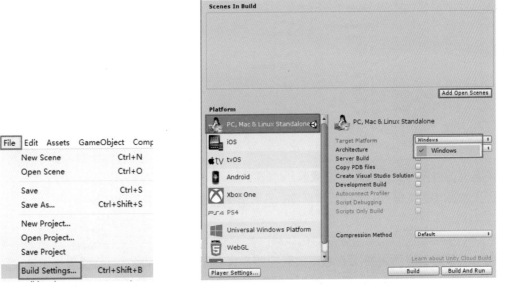

图 2-119　打开项目发布设置界面　　　　图 2-120　添加需要发布的场景

③ 单击左下角的"Player Settings"按钮，可以在右侧的 Inspector 面板中看到相关设定。在 Player Settings 界面中，Company Name 和 Product Name 用于设置相关的名称，Default Icon 用于设定程序在平台上显示的图标（如图 2-121 所示）。

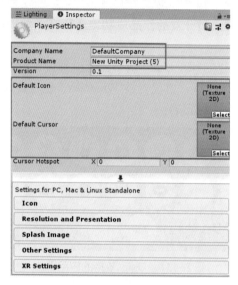

图 2-121　项目相关信息设置

④ 不需要修改的参数保持其默认值即可，回到 Build Settings 界面。单击"Build"按钮，弹出发布的可执行文件保存位置窗口（如图 2-122 所示），这里是生成 Windows 下的可执行文件，所以保存类型默认是"exe"，不需要更改；确定项目存放位置后，单击"选择文件夹"按钮，等待系统输出，即可完成项目发布。

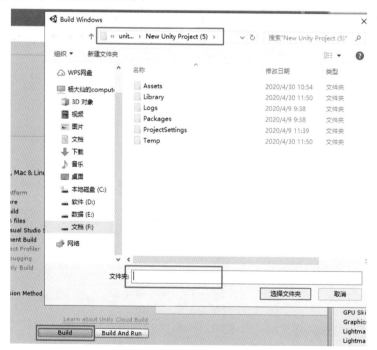

图 2-122　选择项目保存的位置

⑤ 找到输出的 exe 可执行文件运行测试（如图 2-123 所示），在弹出的窗口中可以设置运行参数，选择"Screen resolution"选项，调整运行分辨率（如图 2-124 所示），单击"Play"按钮即可运行。若检查没有问题，就完成了整个项目的输出、打包、测试。

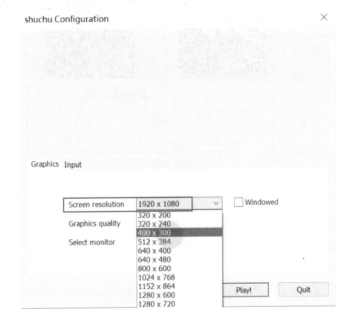

图 2-123　找到输出项目的可执行文件　　　　图 2-124　设置运行参数

【学习小知识】

① 场景运行或暂停时，对当前场景所做的修改是不被保存的，因此需要先停止当前的工程运行，再对场景及场景中的对象进行修改。

② 烘焙的对象必须是场景中的静态模型。因为生成的贴图是无法移动的，只有静态的模型才能参与烘焙。烘焙渲染是要生成光照贴图的。生成的光照贴图和场景模型是一一对应的，即贴图固定。如果模型是非静态的，代表当前模型可以移动，模型移动则光照贴图会产生偏差。为了避免这样的情况发生，Unity 引擎只允许静态的模型参与烘焙过程。

③ 在摆放灯光探头组的时候需注意，为了节约资源和优化性能，一般只会摆在动态角色能到达的位置，而不会整个场景全部摆放。与此同时，摆放的密度不能太高，也不能太低。在光源变化大的地方和角色经常移动的地方可以适当多布置一些，而在其他地方可以少布置，以达到节省资源和优化性能的目的。

在线课程视频

在线课程视频（续）

本章小结

　　本章简单介绍了 Unity 开发工具。对于虚拟现实内容的开发，Unity 提供了丰富的功能。关于 Unity 的基础知识，本章讲解了 Unity 的界面布局和操作方式。天空盒和灯光的使用是烘托整个场景的利器，需要读者掌握并灵活应用。渲染模式是整个场景内容呈现的基础，也需要学习和掌握。制作完成的项目当然不只是自己在 Unity 中欣赏，还需要发布在各平台中独立运行。掌握本章内容将为后面的 Unity 案例开发奠定坚实的基础。

第3章

VR

虚拟现实开发引擎之 HTC VIVE 基础开发

学习目标

- ✪ 了解 HTC VIVE 发展史及相关硬件配置。
- ✪ 掌握 HTC 硬件环境的搭建。
- ✪ 掌握 Steam VR Plugin 的基础开发。

3.1 HTC VIVE

3.1.1 HTC VIVE 介绍

HTC VIVE 是由 HTC（宏达国际电子股份有限公司）与 Valve（维尔福集团）联合开发的一款虚拟现实头戴式显示器产品，于 2015 年 3 月在世界移动通讯大会（MWC 2015）上发布。由于 Valve 公司的 Steam VR 技术支持，因此在 Steam 平台（由 BT 发明者布拉姆·科恩开发设计的游戏和软件平台，是目前全球最大的综合性数字发行平台之一）上可以体验利用 VIVE 功能的虚拟现实产品。2016 年 6 月，HTC 推出了面向企业用户的 VIVE 虚拟现实头盔套装 VIVE BE（商业版）（如图 3-1 所示），同时包括专门的用户支持服务。

图 3-1　HTC VIVE 设备套装和体验

凭借精准的移动追踪和自然的手柄操控手势，HTC VIVE 可以让用户体验空间定位项目；通过头显前置摄像头，可以让用户在需要时观察真实世界；不需摘下头戴式装置即可打开应用程序或项目，可以让用户感受到完全沉浸式的虚拟现实世界。

3.1.2　HTC VIVE 发展史

在 HTC VIVE 诞生以前，身为手机大厂的 HTC 和软件开发商的 Valve 早已各自踏上了 VR 的求索之路。

2012 年时，藉由 Oculus Rift 的 Kickstarter 募资计划的成功，让"虚拟现实"一词在科技界开始产生涟漪，沉寂许久的虚拟现实技术重新回到大众的视野。紧接着，HTC 与 Valve 合作，将虚拟现实推上风口浪尖，开始有越来越多的人认识并了解虚拟现实。

1. 初代虚拟现实概念机：解决沉浸式体验视觉问题

2012 年，Valve 开发了一套由相机和 April Tags（一个视觉基准系统，用于相机校准）组成的简易头戴显示系统（HMD），对应现在 VR 设备中的头盔。可以说这是 HTC VIVE 的原始雏形。

解决了追踪的问题后，Valve 还面临一个障碍，就是头盔显示的画面存在动态模糊（Motion blur）问题。当使用者转动头部时，由于显示屏幕上的画面更新率跟不上视角的变动，导致画面延时让使用者感到头晕目眩。后来，Valve 采用了低视觉暂留（Low-persistence Display）技术改善了这个问题。

但最终的成品（如图 3-2 所示）看起来又大又笨拙，而且使用者需要在使用环境的周围贴上很多 April Tags，与理想的应用方式还有很大差距。

图 3-2　初代虚拟现实概念机

2. 邂逅 Valve 前的 HTC

2013 年，HTC 开始注意到虚拟现实技术以及它与智能手机诞生的相似之处。当三星决定在手机上增加一个名为"虚拟现实"的塑料外壳时（如图 3-3 所示），HTC 的选择是开发一个完全独立于现有产品类别的虚拟现实设备，专注于高端市场。

图 3-3 "虚拟现实"塑料外壳

3. HTC 与 Valve 的联合

2014 年春,HTC 与 Valve 签署合作协议。从可用性方面考虑,HTC/Valve 团队将 2012 April Tags 系统提升到了一个新的水平,利用激光定位系统具有快速、实时的特点,通过在头盔和控制器上安装足够的传感器,来捕捉每秒 60 个不可见的激光显示,从而实现快速准确定位。

在操控方面,当时主流的操控方式是通过按下不同按键来代表用户的操作,HTC/Valve 团队则认为,在虚拟现实中应该使用更直观和身临其境的方式。例如,在电脑游戏中一般通过指定一个按钮来实现躲避,但在 HTC VIVE 的虚拟现实中,用户只需要像在现实世界中移动脚步就可以实现躲避(如图 3-4 和图 3-5 所示)。

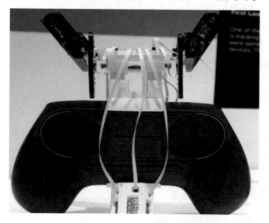

图 3-4 初步设想的控制器

图 3-5 设计完成的控制器

3.1.3 HTC VIVE 开发环境配置

1. HTC VIVE 软件驱动下载

HTC VIVE 的软件驱动在 VIVE 官网有完整的下载流程(如图 3-6 所示),该程序只是一个安装引导程序,会自动检测用户的系统,并且自动下载所需的相关程序驱动和 Steam 客户端(相关介绍见 3.2 节)。

图 3-6　VIVE 官网下载

2. Steam 游戏平台和客户端

HTC VIVE 开发的虚拟现实项目运行需要通过 Steam VR 来驱动，而 Steam VR 专用驱动需要通过 Steam 平台的商店进行下载安装。所以想使用 Steam VR，需要先安装 Steam 平台和客户端。

Steam 平台安装后，在 Steam 商店搜索 Steam VR 客户端，下载后并安装（如图 3-7 所示）。

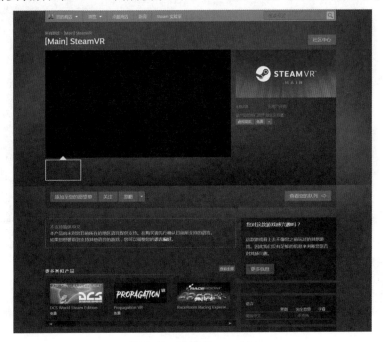

图 3-7　下载 Steam VR

3. Steam VR 软件配置（软件模式）

根据设备搭建空间，选择房间模式（如图 3-8 所示），按提示设置房间（如图 3-9～图 3-14 所示）。详细的软件和硬件安装流程可以参考 HTC VIVE 官网。

图 3-8　选择房间模式

图 3-9　房间游玩区

图 3-10　定位显示器

图 3-11　定位地面

图 3-12　测量空间

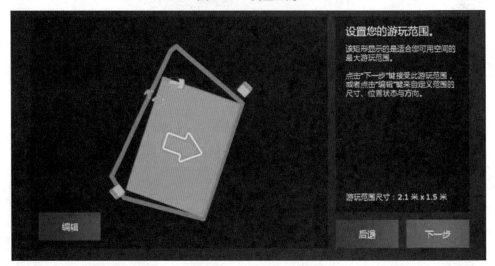

图 3-13　设置游玩区

图 3-14　完成设置

3.2 Steam VR

3.2.1 Steam VR 简介

Steam VR 是一套用于 VR 软件和硬件的解决方案，是将 Open VR 与 Steam 平台相结合的产物。Steam VR 的软件支持和硬件标准由 Valve 公司提供，并授权技术给硬件生产商，如 HTC VIVE。

在不同环境下，Steam VR 指代的对象不同。使用 Unity 开发 VR 项目时，需要导入 Steam VR，此时 Steam VR（Steam VR Plugin）为开发工具，即插件。运行 VR 项目时，需要打开 Steam VR，进行房间设置、硬件配对，此时 Steam VR 指的是 Steam VR Runtime（Steam VR 运行时），可以理解为应用程序，即客户端（如图 3-15 所示）。

图 3-15　Steam VR 平台

那么，Open VR 是什么呢？Open VR 为虚拟现实应用提供了统一的数据接口，是连接虚拟现实硬件和软件的桥梁，使虚拟现实游戏开发者不需直接与厂商的 SDK（Software Development Kit，软件开发工具包）打交道。Open VR 还增加了对 HTC VIVE 开发者版本的支持，包括对 Steam VR 控制器和定位器的支持。相关 API（Application Programming Interface，应用程序接口）是基于 C++ 语言的接口。

在开源社区中可以找到 Open VR 开源代码库、开发文档和开发案例。开发文档解释了主界面的使用方法，包括 IVRSystem、IVRCChaperone、IVRCCompositor、IVRRender-Models 和 IVROverlay。结合开发案例（hellovr_opengl、helloworldoverlay 等），用户可以学习如何构建虚拟现实的方法，开发自己的应用程序。该案例使用 Visual Studio 套件的项目格式，可以从 Microsoft 网站下载，或者直接使用编辑器查看。

让我们来看看 Steam VR 和 HTC VIVE 是如何合作的。首先，HTC 提供了两个基站（即定位器，如图 3-16 所示），我们将在同一个空间的两端建立基站，从而建立一个定位空间。我们称之为"Light House"或"游乐空间",这个空间充满了看不见的激光。VR 项目的体验被限定在这个空间区域内(如图 3-17 所示)。

图 3-16   定位器——基站

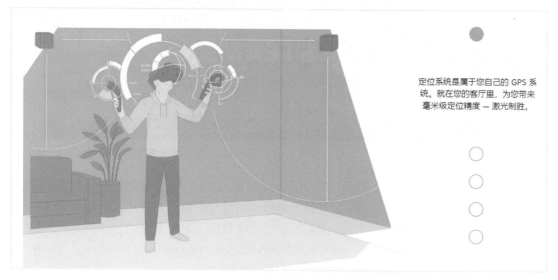

定位系统是属于您自己的 GPS 系统。就在您的客厅里,为您带来毫米级定位精度 — 激光制胜。

图 3-17   游乐空间

可以根据房间大小搭建移动空间,房间最大面积是 12 m^2,即两个基站对角线距离最多不超过 5 m。

头盔和手柄的位置根据空间中的激光进行定位,让玩家在游戏中更准确地进行互动,从而获得更好的游戏体验。

游戏中还有一个边界保护机制,当超过边界时会触发 Steam VR 中的 CHAPERONE 保护系统,将虚拟边界绘制成一个蓝色的网格光墙,以防止我们撞到真实的物体(如图 3-18 所示)。

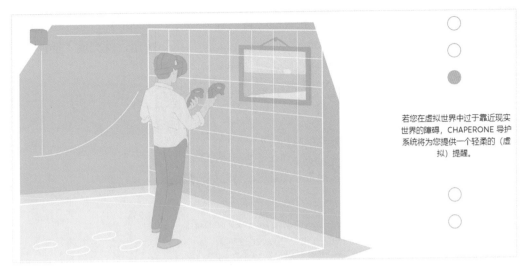

图 3-18　空间边界

以上就是 Steam VR 和 HTC VIVE 的基础简介，我们将在后面进行深入介绍。

3.2.2　Steam VR Plugin

Steam VR Plugin 是 Valve 公司针对 Unity 开发的以插件形式提供的 Steam VR 开发工具包，可以从 Unity 资源商店（Unity Asset Store）中获取并导入 Unity 项目。Steam VR Plugin 是开发基于 Steam VR 应用程序的必备工具，在优化了工作流程的同时免费提供给开发者，让开发者能更好地使用 Unity 快速开发 VR 应用。

要使用 Steam VR Plugin 插件必须先下载并安装。启动 Unity 引擎，打开资源商店，在搜索栏中输入 "Steam VR Plugin"，找到后并安装，导入本地，完成下载（如图 3-19 所示）。

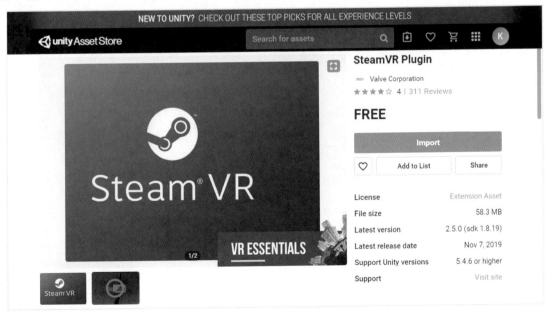

图 3-19　下载 Steam VR Plugin

导入后弹出个小窗口，里面是 VR 相关的必备设置，单击"Accept All"按钮（如图 3-20 所示），弹出"You Made The Right Choice"对话框，单击"OK"按钮，就完成了插件的导入。

图 3-20　导入 Steam VR Plugin

完成后，在 Unity 菜单栏的"Window"菜单下选择"SteamVR Input"命令，在弹出的 SteamVR Input 面板中单击"Save and Generate"按钮，为动作集生成相应的脚本（如图 3-21 所示）。

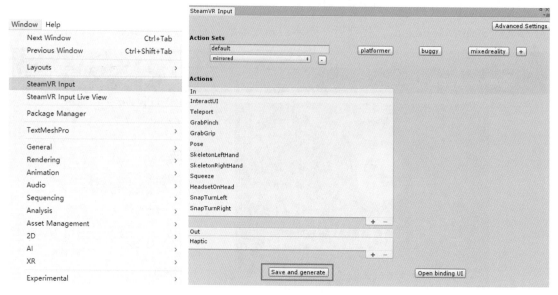

图 3-21　生成动作脚本

动作集即为动作进行逻辑上的分组，以方便进行组织和管理。在 Unity 中，动作集对应的类为 SteamVR_ActionSet。

在不同的场景或应用程序中可以使用不同的动作集。例如，应用程序中有一个场景是在地面上拾取并投掷物体，另一个场景是在天空中飞行，那么这两个场景可以使用不同的动作集。SteamVR 插件默认包含三套动作集 default、platformer 和 buggy，开发者也可以在 SteamVR Input 窗口中自行添加或删除动作集。

根据动作集交互类型的不同区别点，交互类型抽象大致如下。

❖ Boolean 类型动作：表示只有两个状态的动作，如跳起只有跳与不跳，与 SteamVR_Action_Boolean 类型相对应。

❖ Single 类型动作：表示[0, 1]过程的范围值，如 Trigger 键按下到松开的过程，与 SteamVR_Action_Single 类型相对应。

❖ Vector2 类型动作：可以表示 x 和 y 方向的值，如上、下、左、右方向，用于手柄摇杆的功能，与 SteamVR_Action_Vector2 类型相对应。

❖ Vector3 类型动作：返回三维的数值，与 SteamVR_Action_Vector3 类型相对应。

❖ Pose 类型动作：返回三维空间中的位置和旋转，如跟踪 VR 控制器，与 SteamVR_Action_Pose 类型相对应。

❖ Skeleton 类型动作：与 SteamVR_Action_Skeleton 类型相对应。

运行场景前首先需要将场景中自带的 Main Camera 删除（避免场景内有多个主相机，造成视角混乱），然后在项目视图的"Assets / Steam VR / Prefabs"文件夹中找到"CameraRig"对象（即 VR 相机集成对象），将其拖入场景层级视图。CameraRig 对象包含 2 个 controller 和 1 个 VR Camera，将模拟第一人称视角实现手柄渲染及 VR 场景观看。单击"运行场景"，可以测试 VR 场景是否正常（如图 3-22 所示）。

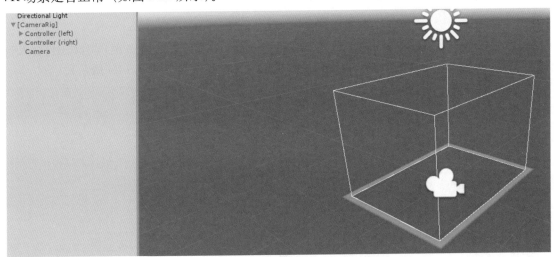

图 3-22　运行测试 VR 场景

3.2.3　Interaction System

VR 作为一个全新的游戏环境，对于绝大多数刚开始接触 VR 的人而言相当陌生，为了让新用户能够快速学会游戏中的各种操作，Steam 将说明书做成了一个游戏——《实验室（The Lab）》。游戏为玩家提供了多种游戏环境，如用两个控制器模拟双枪的射击模式、可以与机械狗互动的模式、造访异国风情的模式等。通过这款游戏，玩家可以由浅入深地了解到 VR 世界的美妙，最关键的是这是一款免费游戏。

　　Interaction System 就是从 The Lab 中拆分的功能模块，包括脚本、预制体和相关游戏资源，直接内置在 Steam VR 插件中。Interaction System 的示例场景能够实现包括跳跃、物体抓取、触碰式 UI 等基础功能，不需要编写代码，就能实现一些简单的 VR 功能，具体功能可在示例场景中测试（如图 3-23 所示）。

图 3-23　场景测试

　　场景运行可采用 VR 和 2D Debug 两种模式进行游戏体验，核心组件为 Player 组件。开发者通过 Player 和 Teleporting 组件可以实现大多数触发和交互效果（如图 3-24 所示）。

图 3-24　示例场景

VR 模式启动后，场景中出现渲染后的手柄，主要用于实现定点瞬移、拾取与确认功能。按键功能如图 3-25 所示，在场景交互中最常用的三个按钮如下。

❖ Trackpad（触控板/圆盘键）：可以发出瞬移射线，将射线指定到激活区域后松开按键实现跳转。

❖ Grip Button（手柄按钮/侧握键）：主要负责拾取场景中的物体，实现手柄模型替换和模型抓取功能。

❖ Trigger Button（扳机键）：实现确认功能，与场景中的 UI 进行确认交互。

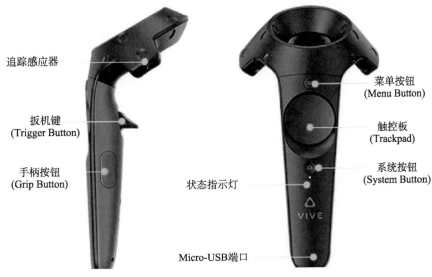

图 3-25　手柄按键

Interaction System 的主要预设放在 Steam VR/Interaction System 目录下（如图 3-26 所示），可以实现基本的交互功能。

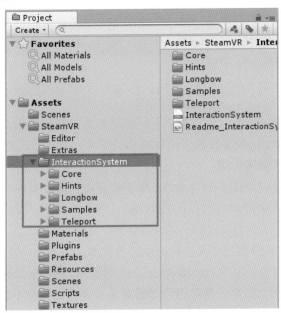

图 3-26　Interaction System 预设存放位置

Interaction System 包含 The Lab 的多个功能模块，常见的有 Interaction System 核心模块、场景漫游模块、场景跳转模块、物体交互模块、UI 交互模块等。这些模块有助于开发者快速开发 VR 应用的多种交互功能。

1. Interaction System 核心模块

Interaction System 核心模块以预制体的形式存于 SteamVR/Interaction System/Core/Prefabs 文件夹的 Player 对象中（如图 3-27 所示）。

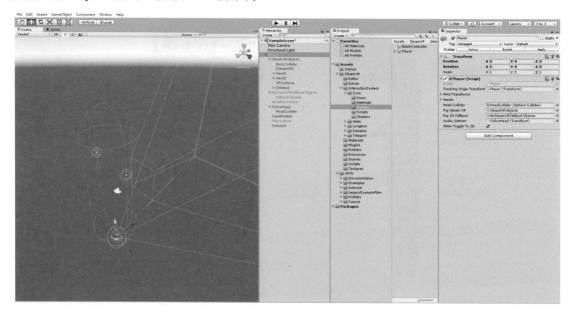

图 3-27　Interaction System 核心模块

Player 对象封装了 Steam VR 对象，能够实现查看场景、控制器事件监听等功能，所以使用 Player 对象进行交互开发时不需使用 CameraRig 预制体对象。直接将 Player 预制体对象拖入场景层级目录，删除场景中的 Main Camera，单击"运行"即可。运行时，头盔正常响应，视角无偏移，代表组件正常运行。

2. 场景漫游模块

基于虚拟现实的沉浸式体验，为了减少空间移动造成的视觉眩晕，通常采用瞬移的方式来实现空间移动，Interaction System 提供了两种瞬移的解决方案：通过对区域和对点进行瞬移。

（1）场景漫游：区域瞬移功能

添加 Teleporting 组件（如图 3-28 所示），用于响应按键触发事件，激活按键功能。添加后可运行场景，扣动手柄 TrackPad（触控板/圆盘键），如果手柄可以发出射线，就代表交互功能正常响应。

创建 Plane 当作地面，修改自定义名称方便区分物体，如 Floor_01。将 Floor_01 复制一层，重命名为另一个自定义名称，如"Teleport Area"，并调整其 Position Y 轴的值为 0.02（如图 3-29 所示）。Y 轴坐标抬高 0.02，既可以避免因为地面对象重叠导致检测不到传送区域的问题，也不会对视觉感官造成影响。

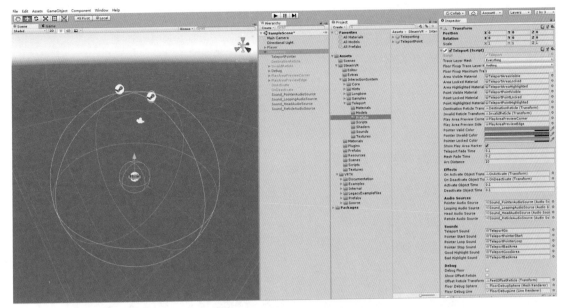

图 3-28　Teleporting 组件

图 3-29　调整坐标轴

为对象添加 Teleport Area 脚本，单击"运行"按钮，按下 TrackPad 键（触控板/圆盘键），此时瞬移区域拾取点会变成绿色。确认瞬移区域后，松开 TrackPad 键，便可瞬移到指定区域（如图 3-30 和图 3-31 所示）。

图 3-30　添加瞬移脚本

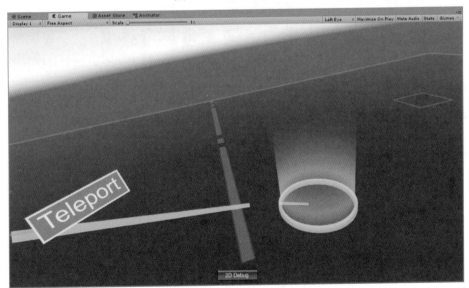

图 3-31　瞬间移动测试

当 Teleport Area 脚本勾选"Locked"属性时，当前区域被锁定，射线指定区域显示黄色，此时无法对当前区域设置瞬移（如图 3-32 所示）。

图 3-32　限制移动

取消勾选"Marker Active"，则触发区域不会被隐藏，高亮区域始终显示在交互空间上。

（2）场景漫游：点瞬移功能

在检索栏中搜索"TeleportPoint"（如图 3-33 所示），将其拖入场景，按下 Track Pad 键（触控板/圆盘键），目标体即被激活。当瞬移点移动到 Teleport Point 区域时会产生吸附效果，并且颜色由蓝色激活为绿色，松开手柄按键，实现空间移动。

图 3-33　检索 Teleport Point 预制体

Teleport Point 的属性如图 3-34 所示。

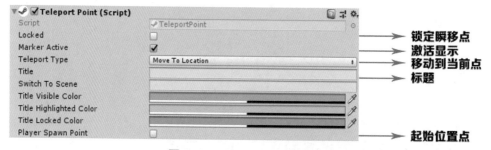

图 3-34　Teleport Point 属性

❖ Locked：勾选后，当前的目标点被锁定，UI 样式显示锁定，且无法瞬移到该点。

❖ Marker Active：勾选后，该目标点不会被隐藏，一直存在于场景中。

❖ Teleport Type：设置移动到目标位置/跳转场景。

❖ Title：标题。

❖ Player Spawn Point：切换场景后，是否以当前位置作为玩家对象（Player）生成坐标点。

3. 场景跳转模块

场景跳转借助 Teleport Point 的 "Switch To New Scene" 的跳转类型来实现，通过指定其场景名称实现场景跳转（如图 3-35 所示）。

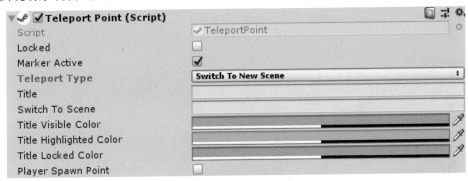

图 3-35　跳转场景设置

创建新场景，命名为 Start Scene，并将其移动到 Scenes 文件夹下，按照实现区域瞬移功能的流程添加 Player、Teleporting 组件。

在 Start Scene 场景中，将 Teleport Point 预制体对象拖入层级面板，将组件 Teleport Type 属性调整为 "Switch To New Scene"。

创建第二个场景，命名为 "Next Scene"，删除场景中的 Main Camera，然后在场景中添加 Teleporting 组件，填写要跳转的场景（Switch To Scene）路径及名称。按照文件夹结构填写，利用 "/" 进行分隔，如 "Scenes/Next_Scene"（如图 3-36 所示）。

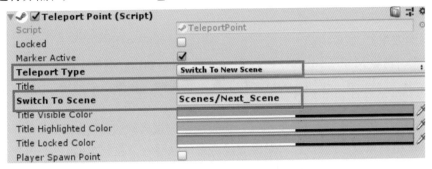

图 3-36　跳转场景设置

在 Unity 菜单栏的 "File" 菜单中选择 "Build Settings" 命令，弹出 Build Settings 面板，在 Scene In Build 选项中单击 "Add Open Scenes" 按钮（如图 3-37 所示）后，填写场景名称。

单击 "运行" 按钮，测试场景跳转功能。

4. 物体交互模块

Interaction System 交互系统通过 Throwable 可以实现物体对物体的抓取及交互。

图 3-37　添加跳转场景

【实现案例效果】　抓取功能。

新建场景，删除 Main Camera，导入 Player 和 Tele Porting 组件；根据需求，添加瞬移区域或瞬移点；单击"播放"按钮，测试运行情况，若手柄、头盔正常工作，则完成基础环境的配置。

创建 Cube，为其指定 Throwable 组件，运行场景测试拾取效果（如图 3-38 所示）。

Throwable 组件预设了两种接口，对应的接口中可以写入交互脚本（如图 3-39 所示）。On Pick Up 即物体拾取时，On Detach From Hand 即物体取消拾取时。

利用接口特性编写交互效果：在 On Pick Up 和 On Detach From Hand 中创建 On Click 事件；将 Cube 填入，交互类型指定为"MeshRenderer → Material material"，并填入材质球；抓起时填入红色，取消抓取时填入灰色（如图 3-40 所示）。

运行场景，测试抓取、松开事件效果（如图 3-41 所示）。

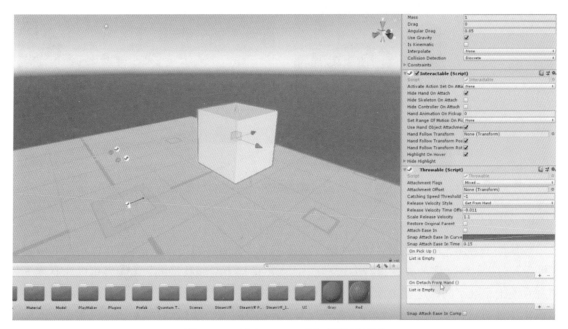

图 3-38　新建 Cube，添加组件并测试

图 3-39　Throwable 组件的两种事件

图 3-40　添加抓取事件

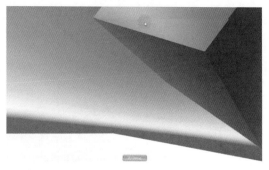

图 3-41　运行测试抓取、松开事件效果

5. UI 交互模块

与其他平台最大的不同是，VR 的输入设备不同。平面终端设备通常将 UI 以平面的方式进行铺设，通过射线检测的方式进行 UI 交互。而 VR 是基于空间移动的，体验者可以 360 度无死角观看整个三维空间，这就要求 UI 必须以沉浸式空间的效果进行呈现，并且满足手柄触碰与射线交互（如图 3-42 所示）。

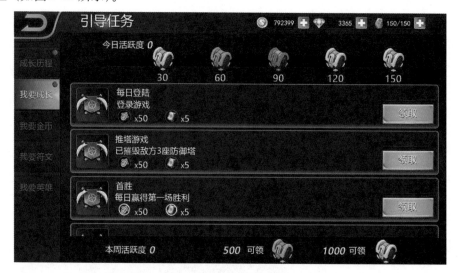

图 3-42　图形用户界面

VR 中 UI 的构建步骤如下。

MOOC 视频

在层级面板（Hierarchy）下右击 Canvas，利用快捷菜单创建新的 Canvas（如图 3-43 所示）。

Canvas 画布的 Render Mode（渲染模式）默认为 ScreenSpace-Overlay（屏幕空间）渲染。该渲染方式无法实现在虚拟现实场景中进行交互的功能，因此需要将渲染模式修改为"World Space"（世界空间）渲染（如图 3-44 所示）。

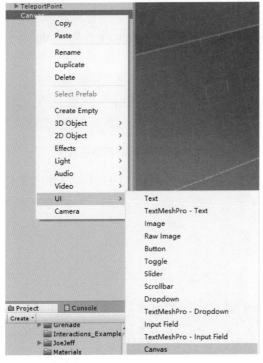

图 3-43　新建对象 UI 之 Canvas

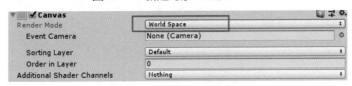

图 3-44　设置 UI 渲染模式

设置完成后，需要通过修改 Canvas 画布的 Rect Transform 坐标、大小比例属性进行缩放，以达到合适的显示效果。大小比例以可以在虚拟现实场景中进行交互为标准（如图 3-45 所示）。

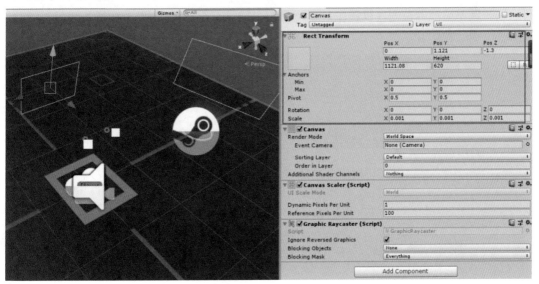

图 3-45　设置 UI

调整完Canvas大小比例后,可能因为Canvas画布像素比例太小而影响到UI元素的清晰度,可以通过修改自身Canvas Scaler组件的"Dynamic Pixel Per Unit"(单位像素)属性进行适当调整(如图3-46所示)。

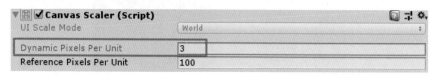

图 3-46　设置 UI 自适应属性

添加相关元素,包括 Text、Button、Image、UGUI 等(如图 3-47 所示)。

图 3-47　添加 UI 元素

创建 Button 对象,更改 Text 信息为"Red",为 Button 添加"UI Element"组件和"Box Collider"组件,同时调整碰撞器范围(包裹住 Button 即可,如没有碰撞器,VR 手柄将无法与 UI 进行交互,如图 3-48 所示)。

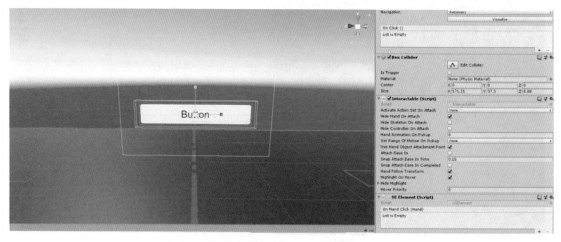

图 3-48　设置 Button 属性

运行场景测试交互，用手柄触及碰撞区产生震动，利用 Trigger 键实现与 Button 交互（如图 3-49 所示）。

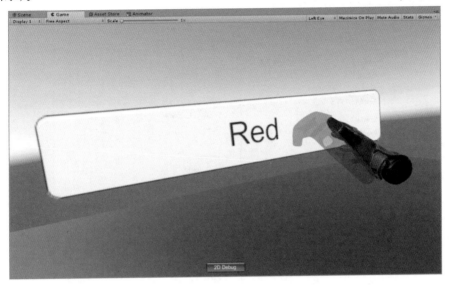

图 3-49　测试交互

下面通过一个案例效果，实现利用手柄与 Button 按钮进行交互，实现小球的材质切换。

在层级面板创建 Sphere 对象，调整其位置在可视区域。

在 UI Element 组件中新建事件，将新建好的小球 Sphere 赋值给事件栏（如图 3-50 所示），指定其事件为"MeshRenderer → Material material"（如图 3-51 所示）。

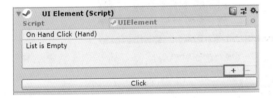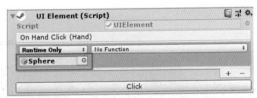

图 3-50　新建事件

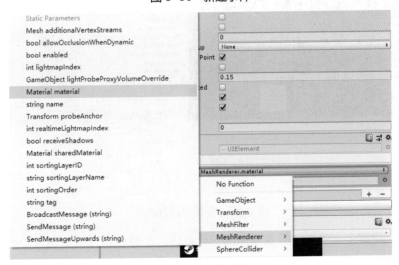

图 3-51　添加事件

在 Assets 文件夹下单击右键，利用快捷菜单新建材质球（注意：这里新建的是材质，而不是物理球），修改颜色为红色，并且将其添加到目标位置（如图 3-52 所示）。

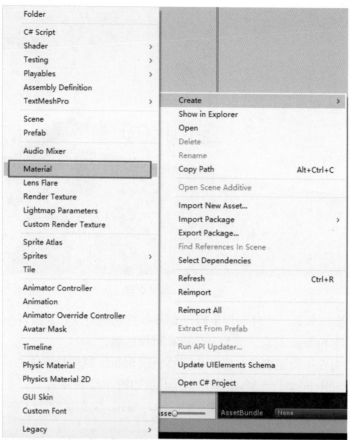

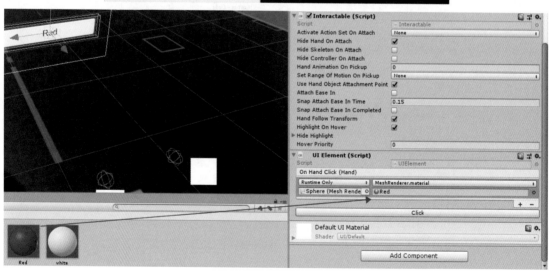

图 3-52　新建材质并赋值

运行场景，测试交互效果，触及碰撞区扣动扳机，小球颜色变成红色，小球变色案例完成（如图 3-53 所示）。

图 3-53　运行测试

3.3　VRTK

3.3.1　VRTK 概述

　　VRTK（Virtual Reality ToolKit）是一款高效的 VR 开发工具包（如图 3-54 所示），封装了 VR 交互的多种模块，前身是 SteamVR Toolkit，由于后续版本开始支持其他 VR 平台的 SDK，如 Oculus、Daydream、GearVR 等，故改名为 VRTK。利用 VRTK，开发者可以快速做出 VR 交互的常用功能，非常方便；同时，VRTK 的代码开源，开发者可以自己修改编辑。VRTK 是使用 Unity 进行 VR 交互开发的利器。

　　VRTK 的获取方式同样可以通过 Unity 资源商店进行获取，但是由于 Unity 资源商店内 Steam VR 版本与 VRTK 版本各自更新的缘故，在使用资源商店资源时会出现因为版本不匹配而导致报错的问题，所以不推荐直接从资源商店获取插件包。

　　1. VRTK 的作用和优点

　　VRTK 的作用主要是便捷性，可以实现 VR 开发的大部分交互效果，开发者只需要挂载几个脚本，然后设置相关属性，就可以实现对应的功能。VRTK 工具包提供了进行虚拟现实开发通用的功能：① 具有别名的控制器按钮事件（手柄按钮事件）；② 控制世界指针（激光射线指针）；③ 场景漫游（瞬间移动等）；④ 物体交互（抓起/握住物体）；⑤ 双手联动（攀爬）；⑥ 把游戏物体变成交互式的 UI 元素。

　　而 VRTK 的优点主要体现为三方面：免费开源，多文档支持，示例场景。

（1）免费开源

由于 VRTK 的开源性质，开发者可以深入研究学习底层代码，查看它如何与原生 SDK 进行交互，是一个很好的学习工具；同时，开发者可以根据自己的项目需求，修改其中的代码，快速开发符合自己需要的功能。VRTK 源代码托管于 Github，在 Unity Asset Store 上以插件包的形式提供免费下载。

（2）多文档支持

VRTK 拥有 200 多页的说明文档，细化到每个函数和参数的作用和使用方法。在挂载了脚本的属性面板中，鼠标悬停即可显示当前属性的说明（如图 3-54 所示）。通过这些文档，开发者能够在开发过程中比较顺利地使用这个工具提供的各项功能。

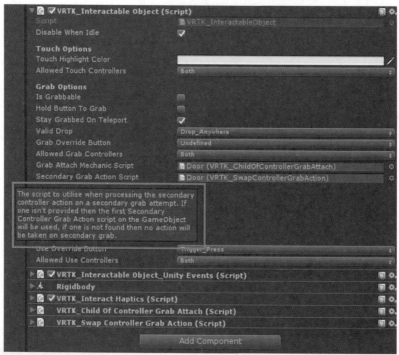

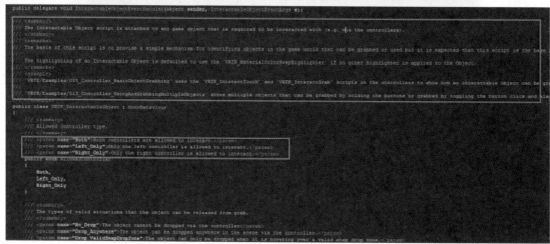

图 3-54　VRTK 多文档支持

（3）示例场景

VRTK 拥有 40 多个示例场景，针对不同的功能以不同的场景进行展示（如图 3-56 所示），让开发者在极短时间内上手。

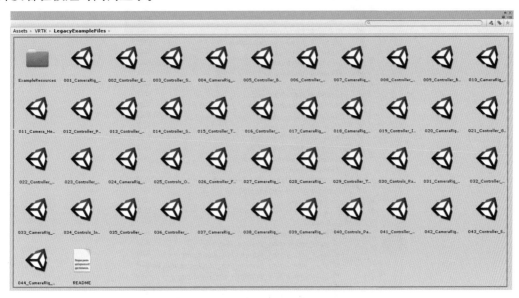

图 3-56　VRTK 示例场景

VRTK 工具集主要分为三部分：① Prefabs - VRTK/Prefabs，预设；② Scripts - VRTK/Scripts，脚本；③ Examples - VRTK/Examples，案例。

所有相关文件资源在导入 VRTK 开发工具包后，都存放在 VRTK 文件夹中。

3.3.2　相关插件的关系

在使用上述插件进行 VR 项目开发时，需要将三者之间的关系脉络整理清楚。

Steam VR Plugin 是实现所有 VR 交互的基础；Interaction System 包含在 Steam VR Plugin 中，是常用交互功能的集合；VRTK 是由第三方开发的，同样基于 Steam VR Plugin，可以更加高效便捷地实现 VR 交互功能。

注意，Interaction System 与 VRTK 基于不同的架构，所以从理论上，两个交互工具不可以同时使用，但是因为二者都为开源工具，所以可以根据源码查看各自调用 Steam VR Plugin 的机制，从而在一款工具中可实现另一款工具的功能。

3.3.3　配置基础开发环境

新建 Unity 项目工程（当前使用 Unity 版本为 2018.2.0），按顺序将 SteamVR 和 VRTK 插件先后分别导入当前 Unity 工程（如图 3-57 和图 3-58 所示）。

导入时，需要注意插件版本与 Unity 版本是否一致，如果版本不一致，就会产生如 Unity3D 中内置的 Open VR 和 Steam VR 驱动版本不对应的报错信息，因此从资源商店或通过搜索引擎搜索后下载插件，需要确定插件版本与 Unity 版本的一致性。

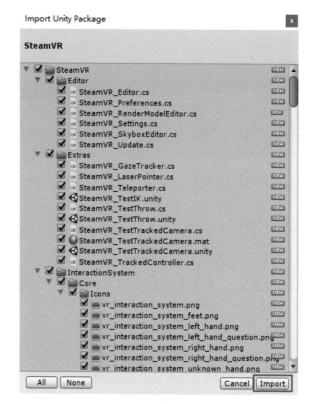

图 3-57　导入 Steam VR

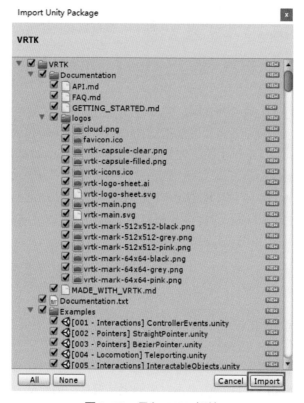

图 3-58　导入 VRTK 插件

插件导入成功后，打开项目的默认空场景进行环境配置（如图 3-59 所示）。

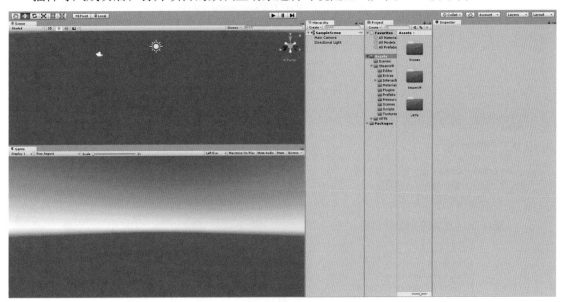

图 3-59　默认空场景的环境配置

在场景中创建一个空对象，命名为 VRTK_SDKManager，为它添加 VRTK_SDK Manager 组件，用来管理场景内 VR 相机与手柄对象的状态（如图 3-60 和图 3-61 所示）。

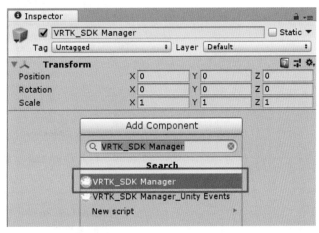

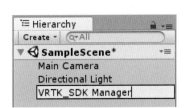

图 3-60　新建空对象并命名　　　　　图 3-61　添加 VRTK_SDK Manager 组件

在 VRTK_SDK Manage 对象的下方再创建一个空对象，命名为 VRTK_SDK Setups；添加 VRTK_SDK Setup 组件，用来管理设置 VR 程序适配平台（如图 3-62 和图 3-63 所示）。

打开 Steam VR 文件夹的 Perfabs 预制件文件夹，将其中的 CameraRig 预制体和 SteamVR 预制体（即 VR 相机与渲染处理）拖入 VRTK_SDKSetups 的下方（如图 3-64 所示）。

在 Hierarchy 中创建一个空对象，命名为 VRTK_Scripts，用来管理场景内挂载 VR 功能脚本的对象，并在这个空对象的子集下创建三个空对象，并分别命名为 Play Area、LeftController、RightController，如图 3-65 所示。

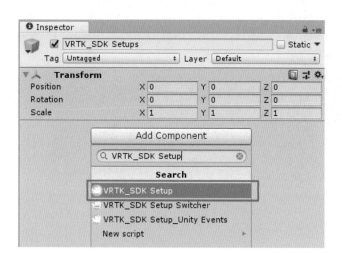

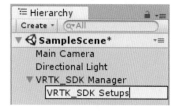

图 3-62　创建空对象并命名　　　　　　　图 3-63　添加 VRTK_SDK Setup 组件

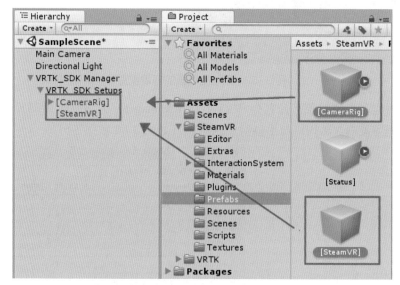

图 3-64　导入 CameraRig 和 SteamVR

图 3-65　创建 VRTK_Scripts 集

　　选择 LeftController 和 RightController，为它们添加 VRTK_ControllerEvents 组件。VRTK_ControllerEvents 组件用来检测 VR 手柄的全部事件，如按钮按下、触摸等（如图 3-66 所示）。

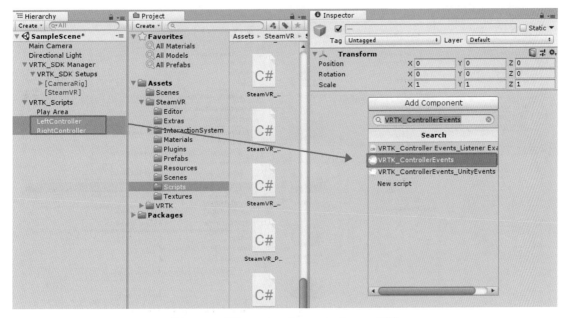

图 3-66　添加 VRTK_ControllerEvents 组件

选择 VRTK_SDKManager 对象，在检视视图中进行属性设置（如图 3-67 所示），将左右手控制器与 VRTK_SDKSetups 对象拖入对应的属性框，完成 VRTK_SDKManager 组件对 VR 相机与手柄状态监听管理（如图 3-68 所示）。

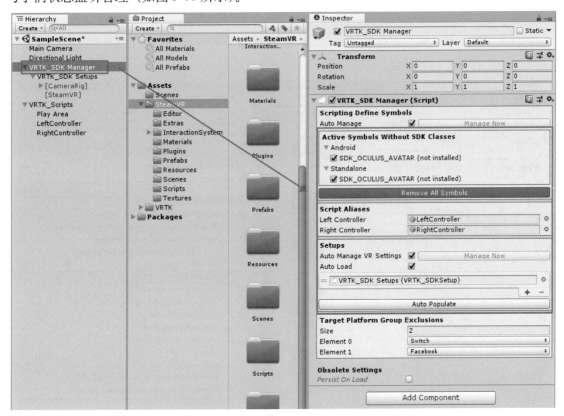

图 3-67　VRTK_SDKManager 对象设置

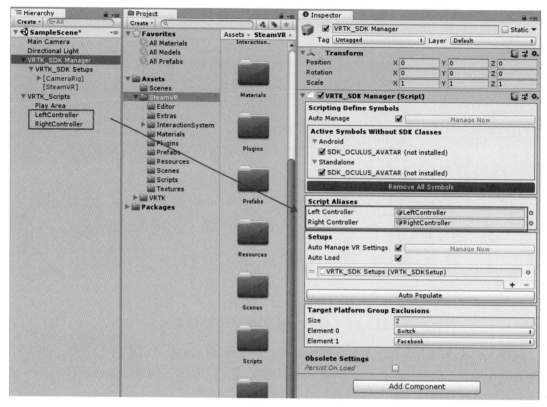

图 3-68　将控制器拖入对应属性框

选择 VRTK_SDK Setups 对象，将 Quick Selects 属性选择为 SteamVR（如图 3-69 所示），然后设置 VR 程序的运行平台。

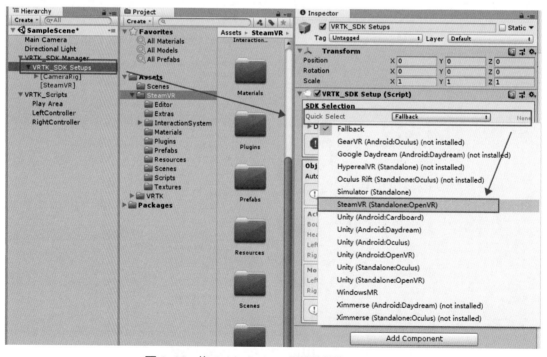

图 3-69　将 Quick Selects 属性选择为 SteamVR

完成后，将 VRTK_SDK Setups 对象隐藏，统一由 VRTK_SDKManager 对象管理。
至此即完成了全部基本设置（如图 3-70 所示）。

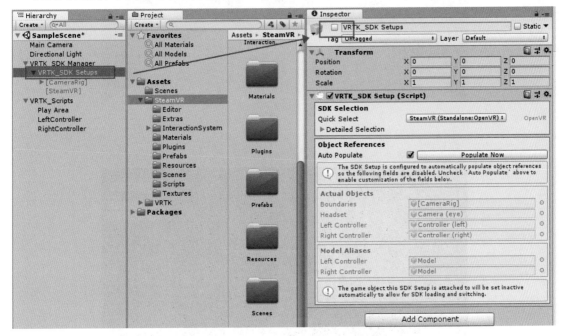

图 3-70　将 VRTK_SDK Setup 对象隐藏

删除场景内的主摄像机 Main Camera 或第一人称控制器，运行场景测试。接入头戴显示器，
就能够成功地控制视角了。

3.3.4　VRTK 基础交互功能模块

VRTK 是为了方便进行 VR 项目开发而诞生的一款开发工具，所以在使用 VRTK 进行项目
开发时可以实现非常丰富的基础交互功能。VR 项目中常见的交互功能为射线交互、场景漫游、
手柄触控及事件、UI 交互等基础功能，VRTK 针对这些功能模块进行了不同的封装处理，在开
发工具包中以案例场景形式存放在 VRTK/LegacyExampleFiles 文件夹中。

比较有代表性的示例场景有以下 6 种。

① 001_CameraRig_VRPlayArea（VRTK 基础环境配置场景，如图 3-71 所示）。该场景主要
展示的就是 VRTK 的基础环境配置流程，因为 VRTK 支持多种不同的 VR 硬件平台（本章节中
使用的是基于 Steam VR 开发平台的配置流程），所以为了展示不同硬件平台的配置流程，VRTK
集成了此场景，用来展示不同平台的配置流程。

② 002_Controller_Events（VRTK 手柄控制器事件组件的使用场景，如图 3-72 所示）。该
场景主要展示的是 VRTK 的控制器事件，在控制台窗口中显示来自控制器的事件。

VRTK 支持多种 VR 硬件平台（本节使用的是基于 Steam VR 开发平台的配置流程），所以
为了展示不同硬件平台的配置流程，VRTK 集成了此场景，用来展示不同平台的配置流程。

③ 003_Controller_SimplePointer（VRTK 手柄控制器射线功能的使用场景，如图 3-73 所示）。

④ 004_CameraRig_BasicTeleport（VRTK 场景漫游的基本配置场景，如图 3-74 所示）。

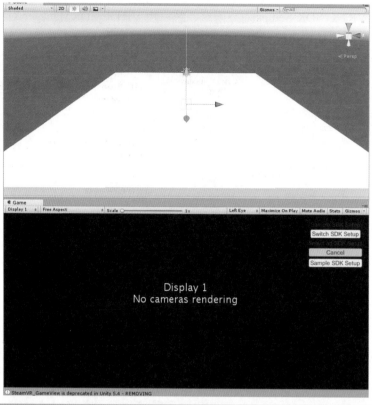

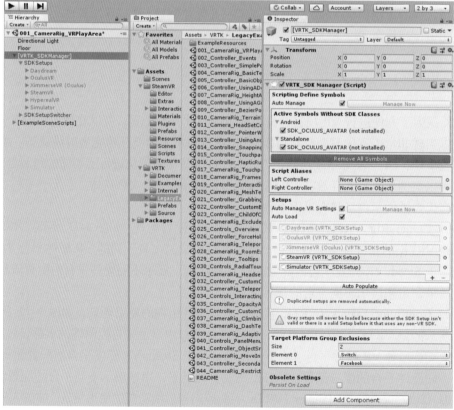

图 3-71　VRTK 基础环境配置场景

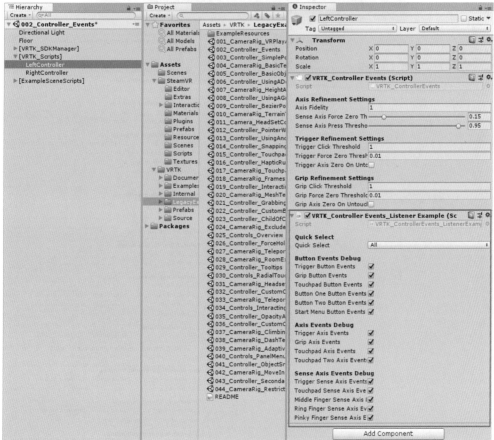

图 3-72　VRTK 手柄控制器事件组件的使用场景

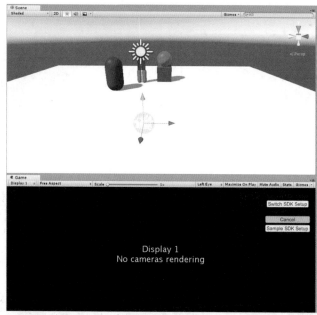

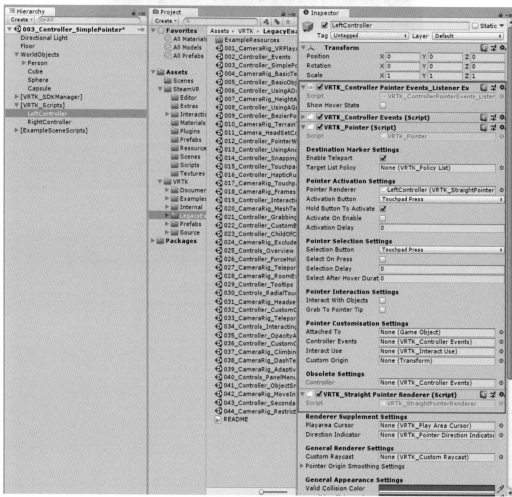

图 3-73　VRTK 手柄控制器射线功能的使用场景

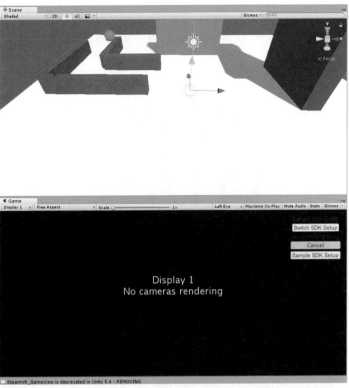

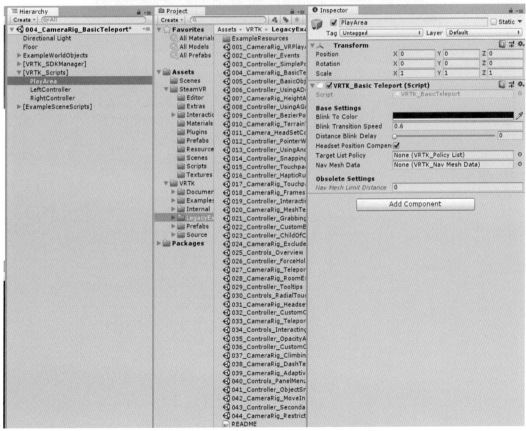

图 3-74　VRTK 场景漫游的基本配置场景

⑤ 008_Controller_UsingAGrabbedObject（VRTK 手柄控制器抓取交互场景，如图 3-75 所示）。

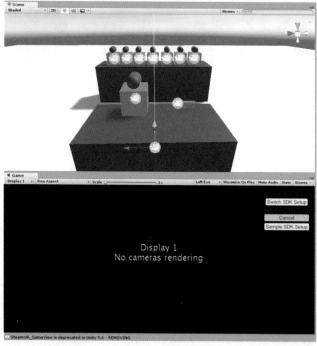

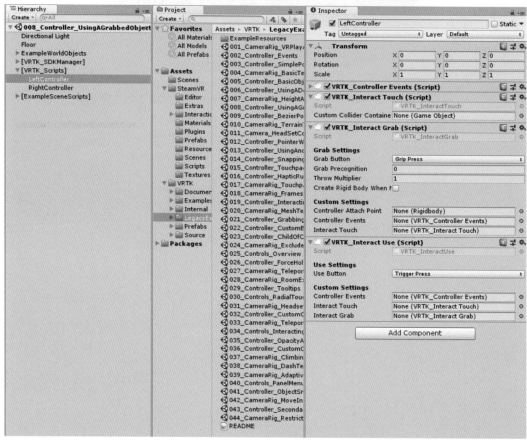

图 3-75　VRTK 手柄控制器抓取交互场景

⑥ 034_Controls_InteractingWithUnityUI（VRTK 手柄控制器与 UI 的交互场景，如图 3-76 所示）。

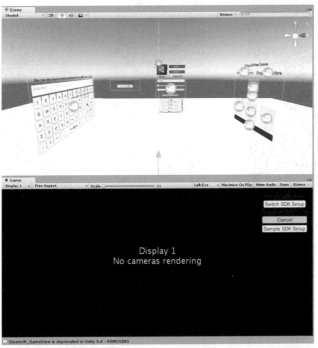

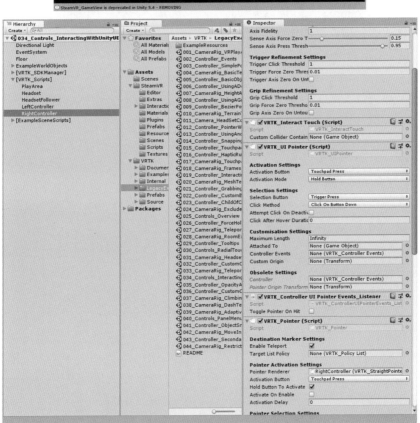

图 3-76　VRTK 手柄控制器与 UI 的交互场景

在线课程视频

本章小结

　　本章重点讲解了 HTC VIVE 发展基础及对应的 SDK 开发，介绍了硬件环境配置、SDK 获取与安装，利用 InteractionSystem 可以完成场景瞬移、场景跳转、UI 交互、抓取检测等交互功能。读者可以将这些知识点灵活地应用到项目开发中。

第 4 章

全景视频交互制作案例

学习目标

✪ 了解 VR 全景的概念。

✪ 了解全景视频的拍摄方法。

✪ 掌握 Unity 全景项目的交互内容添加。

4.1 全景技术概述

全景视频是能为体验者带来空间中全方位视角的可交互视频，可以根据体验者的想法，将画面移动到想要的角度（如图 4-1 所示）。

图 4-1 全景视频示例

1. 全景视频与普通视频的区别

普通视频是运用正常的平面设备，通过镜头的运动、场景的切换等要素来引导观众的视线，画面固定。全景视频则是一种用全景摄像机进行全方位 360 度拍摄的视频，体验者在观看的时候可以随意调节视角进行观看。例如在图 4-2 中，方框内就是普通的平面视频，只记录一个方向的画面，而全景视频同时记录上、下、左、右、前、后所有方向的画面。

图 4-2 全景视频展示图

2. 全景视频的发展与应用

全景视频能为体验者带来亲临其境般的体验，被广泛应用于很多领域。以旅游业为例，全景视频能让体验者不需走出家门，就能游览各类名胜古迹或者博物馆（如图 4-3 所示），不需忍受景区的人山人海，就可以欣赏到各种各样诸如无人机鸟瞰等特殊视角的特殊景象，可以带来更好的景区游览体验。

MOOC 视频

图 4-3　全景视频的应用

全景视频也在影视、监控、倒车影像、企业宣传等领域有着广泛的应用。例如，在一些食品加工车间，用全景视频的方式记录自动化设备，自动化流水线，可以达到全方位宣传的目的。倒车影像和监控系统则是因为全景视频能记录完整的 720 度信息，能以更广的视角记录和观察周围环境。

3. 全景视频典型案例

通过全景相机设备拍摄全景视频，搭配完美的后期制作团队，就可以制作出一部较好的 VR 影片，给人一种置身其中的效果体验。

电影《Help》是目前比较具有代表性的 VR 影片（如图 4-4 所示），剧情十分简单，只是一个外星巨兽降临地球的场景。视频需要 360 度全方位拍摄，所以运用了多台昂贵的摄影设备，因为特效处理的画面和数据量是普通平面视频的 6 倍之多，所以为了让影片达到沉浸感十足的效果，短片动用了 81 个后期处理人员，花费了 13 个月来处理 200 TB 的视频素材，才制作出这 5 分钟左右的视频。

4. 全景项目的典型交互方式

目前，业内全景视频的交互方式最典型的是在视频或图片的下方添加切换位置的按钮，配合地图，可以切换到目标位置对应的全景画面。图 4-5 是一个室内全景图浏览案例，就是通过下方的小图片辅助交互的。选择不同的小图片，就可以切换到对应的全景图片。全景视频还可以嵌入视频的播放/暂停等按钮。（提示：可以搜索更多优秀案例。）

图 4-4 全景电影《Help》场景

图 4-5 全景图片的交互按钮

本例将使用 HTC VIVE 设备在 Unity 引擎中实现全景视频的播放效果,同时在手柄上添加 UI 菜单面板,实现全景视频的播放与暂停等功能(如图 4-6 所示)。

4.2 全景素材获取

全景是一种全方位的视频或图片的表现形式,与普通的平面效果的图片、视频有很大的不同。全景素材依赖专用全景拍摄设备根据特定拍摄技术拍摄制作而成。

图 4-6　案例示意

1. 拍摄设备

VR 全景素材的采集需要用到专业的全景相机进行拍摄，全景相机大致可以分为两类：矩阵式全景相机和双鱼眼镜头全景相机。

（1）矩阵式全景相机

矩阵式全景相机是市场中最具代表性的矩阵式全景相机设备。例如，Go Pro（如图 4-7 所示）是 Go Pro 公司利用 6 个单镜头相机通过固定的矩阵支架进行绑定，进而满足同时拍摄 6 个画面的需要，在拍摄后利用配套的画面缝合软件进行画面的缝合，最终输出成完整的全景视频。这套专业级全景视频拍摄设备拍摄的视频可以达到单摄像机 4K 的清晰度。

图 4-7　Go Pro 全景相机

（2）双鱼眼镜头全景相机

Insta360 one（如图4-8所示）是市场上双鱼眼镜头类全景视频相机的代表产品，非常轻便，易于携带，照片分辨率能达到6912×3456像素，视频清晰度也较高。拍摄画面后，机内缝合一键导出，简单易用，非常适合初学者使用。

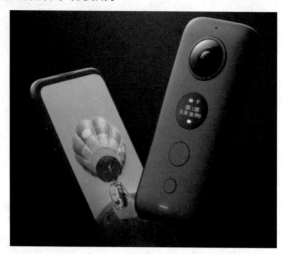

图 4-8　Insta360 One 全景相机

2. 拍摄技术

从拍摄技术分类，全景视频可分为航拍和地面平视拍摄。航拍会使用无人机（如图4-9所示），要求场地开阔，拍出来的视频犹如空中雄鹰俯瞰大地的感觉，气势磅礴，景深感和空旷感十足，能够让体验者对景致一览无余。

图 4-9　执行航拍任务的无人机

而地面平视拍摄使用三脚架等配件，能够清楚地表现环境的诸多细节，让我们了解环境的具体位置、形状等。

两种拍摄方式的用途略有差异，航拍趋向于整体宏观的把握，而地面平视拍摄强调局部和细节。但不管是哪种拍摄方式，在拍摄过程中都需要保持镜头的平稳性。

4.3　资源导入交互环境配置

在使用 Unity 开发全景类项目案例时，使用 Steam VR 和 VRTK 两款插件即可实现在 Unity 中制作带有交互功能的全景视频项目。

前期准备：插件下载与环境配置

开发工具及资源：见所附教学资源。

环境配置流程：参考 3.6 节的"配置基础开发环境"内容。

素材下载

4.4　全景视频播放与交互添加

完成 VR 基础环境配置流程后，下一步需要将拍摄处理好的全景视频导入 Unity，使之能够成功的播放。

4.4.1　全景视频导入 Unity 播放

新建一个球体，并将球体对象坐标位置归零，同时将球体比例适当放大，方便进行视频播放设置的操作（如图 4-10 和图 4-11 所示）。

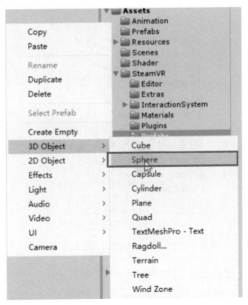

图 4-10　新建一个球体

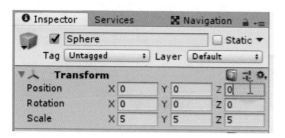

图 4-11　放大球体比例

为这个球体添加视频播放器（Video Player）和音频播放器（Audio Source）组件，这是 Unity 中视频播放必须的两个组件（如图 4-12 和图 4-13 所示）。

图 4-12　添加 Video player 组件

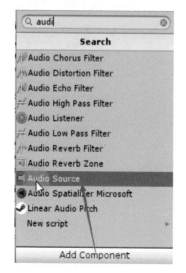

图 4-13　添加 Audio Source 组件

在 Assets 文件夹下创建 Material 文件夹，用于存放创建的材质球，从中新建一个名为 Player 的材质球，并将它赋值给前面创建的球体 Sphere（如图 4-14 和图 4-15 所示）。

导入资源包中的 Shader 文件，并将它赋值到创建的 Player 材质上，这样就完成了球体材质的设置(如图 4-16 所示)。

图 4-14　创建 Material 文件夹

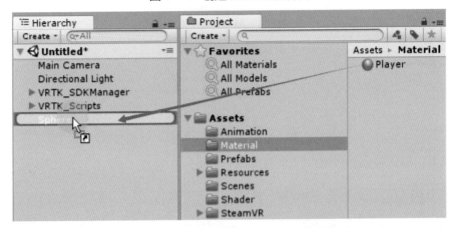

图 4-15　新建材质球命名 Player 并赋值

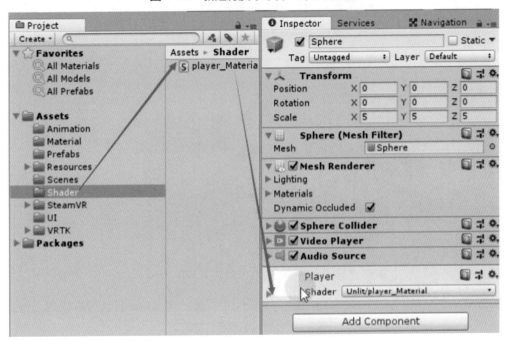

图 4-16　导入资源包并赋值

　　导入视频资源包，将其中的视频 V_01 视频文件赋值到球体的 Video Player 组件下的 Video Clip 中，测试视频是否可以正常播放（如图 4-17 所示）。

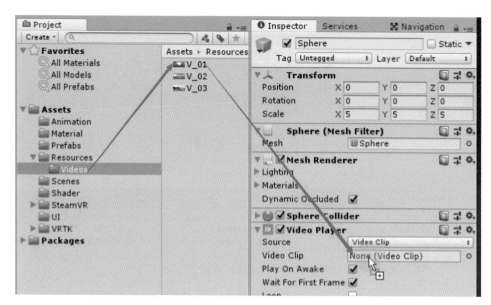

图 4-17　导入视频并添加

运行场景，确认视频播放正常（如图 4-18 所示）。

图 4-18　确认视频播放正常

这样就实现了在 Unity 中导入全景视频。

4.4.2 全景视频交互功能添加

Unity 中往往通过用 C#语言编写的脚本代码来实现交互功能。

在 Assets 中新建文件夹并命名为 Script，从中创建新的脚本命名为 Central Point。该脚本是为了实现全景视频播放时始终与相机对象保持一个位置坐标点，防止因为头显转动造成显示的视频画面穿模变形（如图 4-19～图 4-21 所示）。

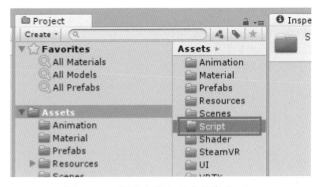

图 4-19　新建文件夹并命名为 Script

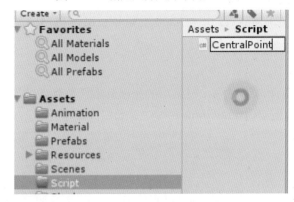

图 4-20　新建并命名脚本

图 4-21　穿模示例

打开 Central Point 脚本并编写。在脚本的方法外定义公开变量，用于获取相机对象，然后在 Update 方法（在程序运行后一直执行）中将相机自身的坐标始终跟随相机对象坐标。对应的代码如下。

```csharp
using System.Collections;
using System.Collections.Generic;
using UnityEngine;

public class CentralPoint : MonoBehaviour {
    // 获取相机位置，在属性面板赋值
    public GameObject hand;

    void Start()
    {

    }

    void Update () {
        // 将物体自身的坐标一直跟随相机坐标
        this.transform.position = hand.transform.position;
    }
}
```

回到 Unity 场景，选择球体对象，将编写的跟随脚本挂载到球体上，即找到的头部摄像机 Camera（head），将它赋值到 Central Point 脚本中（如图 4-22 所示）。

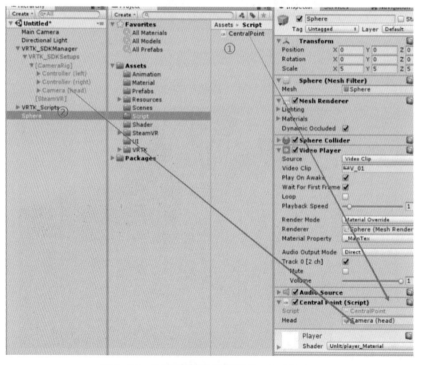

图 4-22　为球体赋值并绑定 Central Point

到此完成了全景视频的播放及位置跟随的功能，可运行场景查看效果（如图 4-23 所示）。

图 4-23　运行测试

4.4.3　手柄交互面板加载

在虚拟环境中有两种交互方式，一是与物体的直接交互，二是通过 UI 实现交互功能。下面讲解通过手柄上的 UI 面板交互控制实现全景视频的播放、暂停和切换功能。

导入 UI 预制件资源包，在 Prefabs 文件夹下将 Canvas 拖入场景（如图 4-24 所示）。

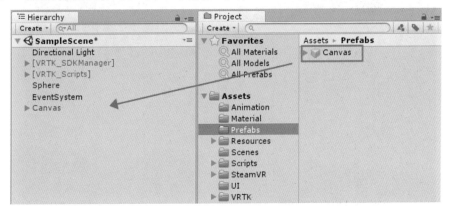

图 4-24　导入资源并拖入场景

将 Canvas 预制件拖到 Controller（left）的下方，作为左手柄的子物体（如图 4-25 所示），调整位置让其显示在左手柄前方，然后运行查看 UI 面板位置相对于手柄是否合适（如图 4-26 所示）。

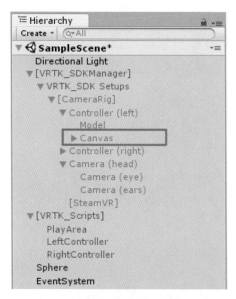

图 4-25　UI 预制件绑定为左手柄的子物体

图 4-26　运行查看 UI 效果

4.4.4　视频资源的获取

下面编写交互脚本，新建一个控制脚本，命名为PlaySet（如图4-27和图4-28所示）。

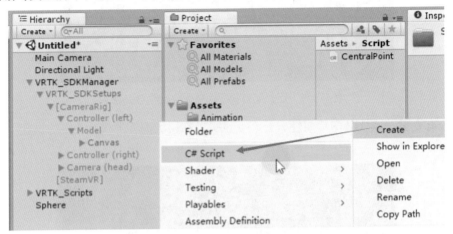

图 4-27　新建一个控制脚本图

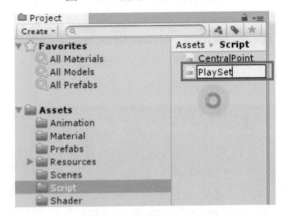

图 4-28　命名为 PlaySet

打开新建的脚本，需要引用命名空间（使用脚本控制 UI 元素必须引用命名空间，否则无法获取 UI 元素对象，如图 4-29 和图 4-30 所示）。

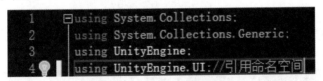

图 4-29　引用 UI 命名空间

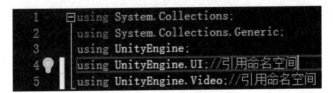

图 4-30　引用视频命名空间

在脚本中方法外层定义私有变量，获取视频播放组件和三个视频资源属性（视频资源需要从资源文件夹内加载获取，所以定义私有类型变量，如图 4-31 所示）。

```
7    public class PlaySet : MonoBehaviour {
8
9        private VideoPlayer Video;//获取视频播放组件
10       private VideoClip Video_1;//获取全景视频1
11       private VideoClip Video_2;//获取全景视频2
12       private VideoClip Video_3;//获取全景视频3
13
```

图 4-31　定义变量获取视频播放组件与资源

定义公有变量获取 UI 图片属性（公有变量可以在层级面板通过拖曳的方式进行赋值，如图 4-32 所示）。

```
7    public class PlaySet : MonoBehaviour {
8
9        private VideoPlayer Video;//获取视频播放组件
10       private VideoClip Video_1;//获取全景视频1
11       private VideoClip Video_2;//获取全景视频2
12       private VideoClip Video_3;//获取全景视频3
13
14       public Sprite Play;//获取UI贴图
15       public Sprite Pause;//获取UI贴图
16
```

图 4-32　定义 UI 图片属性

定义公有类型变量数组来获取视频播放按钮（如图 4-33 所示）。

```
7    public class PlaySet : MonoBehaviour {
8
9        private VideoPlayer Video;//获取视频播放组件
10       private VideoClip Video_1;//获取全景视频1
11       private VideoClip Video_2;//获取全景视频2
12       private VideoClip Video_3;//获取全景视频3
13
14       public Sprite Play;//获取UI贴图
15       public Sprite Pause;//获取UI贴图
16
17       public Image[] Video_Button;//获取Image对象
18
```

图 4-33　定义数组

给私有属性进行动态赋值。在 Start 方法中先获取到视频播放组件，从中写入挂载视频播放组件对象名称（如图 4-34 所示）。

```
18
19   void Start () {
20       Video = GameObject.Find("Sphere").GetComponent<VideoPlayer>();//视频播放组件赋值
21
22   }
```

图 4-34　获取视频播放组件

然后给视频资源变量属性进行赋值，其中的参数为视频路径和名称，如 Video/V_01 加载并赋给 Video_1（如图 4-35 所示）。

```
19    void Start () {
20        Video = GameObject.Find("player").GetComponent<VideoPlayer>();//视频播放组件赋值
21
22        Video_1 = Resources.Load("Videos/V_01") as VideoClip;//获取全景视频
23        Video_2 = Resources.Load("Videos/V_02") as VideoClip;//获取全景视频
24        Video_3 = Resources.Load("Videos/V_03") as VideoClip;//获取全景视频
25    }
```

图 4-35　给三个视频资源属性赋值

4.4.5　视频播放与暂停方法

编写视频播放方法。第一个视频的播放需要判断视频是否正在播放状态，同时需要判断当前播放的视频是不是 Video_1，定义视频一的播放暂停方法（如图 4-36 所示）。

```
35    /// <summary>
36    /// 全景视频一播放方法
37    /// </summary>
38    public void Video_1_Play()
39    {
40
41    }
```

图 4-36　定义视频一的播放暂停方法

编写逻辑，判断视频是否正在播放，整体逻辑为视频没有正在播放，则设置视频播放源为加载到的视频一，同时切换 UI 面板上视频播放按钮的样式，然后播放视频。如果视频正在播放，就在判断的 else 方法中将视频暂停播放，以实现单击视频可以是"切换视频"或者"暂停播放"功能（如图 4-37 所示）。

```
/// <summary>
/// 全景视频一播放方法
/// </summary>
public void Video_1_Play()
{
    if (!Video.isPlaying || Video.clip != Video_1)//判断是否播放本视频
    {
        Video.clip = Video_1;//播放视频对象为视频一
        Video_Button[0].sprite = Play;//视频播放按钮图片切换
        Video.Play();//播放视频
    }
    else
    {
        Video.Pause();//暂停播放
    }
}
```

图 4-37　视频播放方法逻辑

考虑到多个视频之间需要进行切换，所以需要一个单独的方法用来控制视频播放 UI 按钮的图片状态，新建视频 UI 按钮状态控制方法（如图 4-38 所示）。

完成后，在"视频播放方法"最前面调用 UI 按钮切换方法，以实现每次调用视频播放暂停方法都优先对 UI 按钮状态进行处理，确保 UI 按钮图片的正确（如图 4-39 所示）。

全部完成后，用同样的代码编写视频二和视频三的播放方法，详细代码如下。

```
27    /// <summary>
28    /// UI贴图切换方法
29    /// </summary>
30    private void UISwitchover()
31    {
32        for (int i = 0; i < Video_Button.Length; i++)//循环按钮图片数组
33        {
34            Video_Button[i].sprite = Pause;//将所以按钮图片设置为暂停
35        }
36    }
37
```

图 4-38　UI 按钮图片控制方法

```
38    /// <summary>
39    /// 全景视频一播放方法
40    /// </summary>
41    public void Video_1_Play()
42    {
43        UISwitchover();//初始化所有视频播放按钮图片
44        if (!Video.isPlaying || Video.clip != Video_1)//判断是否播放本视频
45        {
46            Video.clip = Video_1;//播放视频对象为视频一
47            Video_Button[0].sprite = Play;//视频播放按钮图片切换
48            Video.Play();//播放视频
49        }
50        else
51        {
52            Video.Pause();//暂停播放
53        }
54    }
```

图 4-39　视频播放方法中引用切换方法

```
using System.Collections;
using System.Collections.Generic;
using UnityEngine;
using UnityEngine.UI;                            // 引用命名空间
using UnityEngine.Video;                         // 引用命名空间

public class PlaySet : MonoBehaviour {
    private VideoPlayer Video;                   // 获取视频播放组件
    private VideoClip Video_1;                   // 获取全景视频 1
    private VideoClip Video_2;                   // 获取全景视频 2
    private VideoClip Video_3;                   // 获取全景视频 3

    public Sprite Play;                          // 获取 UI 贴图
    public Sprite Pause;                         // 获取 UI 贴图

    public Image[] Video_Button;                 // 获取 Image 对象

    void Start () {
        // 视频播放组件赋值
        Video = GameObject.Find("Sphere").GetComponent<VideoPlayer>();
        // 获取全景视频
        Video_1 = Resources.Load("Videos/V_01") as VideoClip;
```

```csharp
        // 获取全景视频
        Video_2 = Resources.Load("Videos/V_02") as VideoClip;
        // 获取全景视频
        Video_3 = Resources.Load("Videos/V_03") as VideoClip;
    }


    /// <summary>
    /// UI 贴图切换方法
    /// </summary>
    private void UISwitchover()
    {
        // 循环按钮图片数组
        for (int i = 0; i < Video_Button.Length; i++)
        {
            // 将所以按钮图片设置为暂停
            Video_Button[i].sprite = Pause;
        }
    }


    /// <summary>
    /// 全景视频一播放方法
    /// </summary>
    public void Video_1_Play()
    {
        // 初始化所有视频播放按钮图片
        UISwitchover();
        // 判断是否播放本视频
        if (!Video.isPlaying || Video.clip != Video_1)
        {
            // 播放视频对象为视频一
            Video.clip = Video_1;
            // 视频播放按钮图片切换
            Video_Button[0].sprite = Play;
            // 播放视频
            Video.Play();
        }
        else
        {
            // 暂停播放
            Video.Pause();
        }
    }


    /// <summary>
    /// 全景视频二播放方法
    /// </summary>
    public void Video_2_Play()
    {
```

```
    // 初始化所有视频播放按钮图片
    UISwitchover();
    // 判断是否播放本视频
    if (!Video.isPlaying || Video.clip != Video_2)
    {
        // 播放视频对象为视频二
        Video.clip = Video_2;
        // 视频播放按钮图片切换
        Video_Button[1].sprite = Play;
        // 播放视频
        Video.Play();
    }
    else
    {
        // 暂停播放
        Video.Pause();
    }
}

/// <summary>
/// 全景视频三播放方法
/// </summary>
public void Video_3_Play()
{
    // 初始化所有视频播放按钮图片
    UISwitchover();
    // 判断是否播放本视频
    if (!Video.isPlaying || Video.clip != Video_3)
    {
        // 播放视频对象为视频三
        Video.clip = Video_3;
        // 视频播放按钮图片切换
        Video_Button[2].sprite = Play;
        // 播放视频
        Video.Play();
    }
    else
    {
        // 暂停播放
        Video.Pause();
    }
}
```

4.4.6 UI 交互功能的实现

编写完成视频播放与暂停功能代码后，需要让它在项目内生效，实现 UI 交互功能，此时回到 Unity 场景，找到 Canvas 对象，将创建的脚本挂载到 Canvas 上（如图 4-40 所示）。

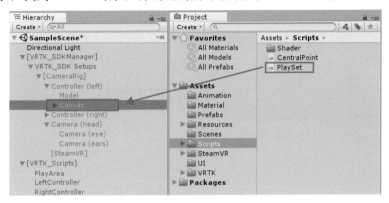

图 4-40　脚本挂载

完成挂载后，选中 Canvas 对象，找到对象挂载的 PlaySet 脚本，对属性进行设置。为 Video_Button 数组属性的 Size 参数填入 3，表示数组可以存储 3 个元素，找到 Canvas 预制件下的 3 个 Play 对象，将它们通过鼠标拖动的方式依次赋值到数组对应的 3 个属性框内（如图 4-41 和图 4-42 所示）。

图 4-41　设置数组 Size 参数

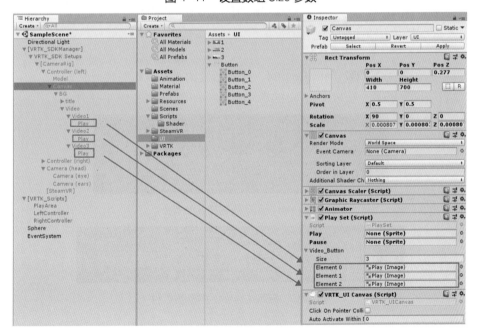

图 4-42　对象赋值

在导入的资源中找到按钮图片，选择暂停和播放按钮，将它们赋值到对应的框中（如图 4-43 所示）。

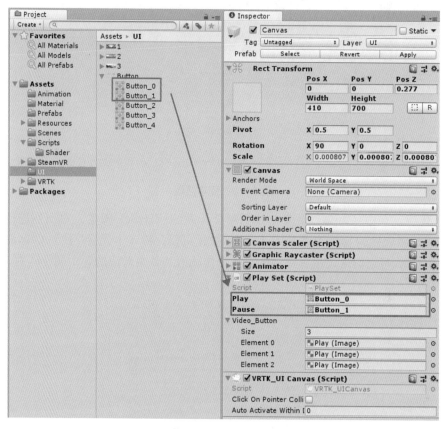

图 4-43　图片赋值

4.4.7　UI 动画控制

新建脚本，命名为 VRTK_PanelControl，打开新建的脚本并编写代码。

引用命名空间 VRTK，获取 Canvas 的动画组件（如图 4-44 和图 4-45 所示）。

```
1  using System.Collections;
2  using System.Collections.Generic;
3  using UnityEngine;
4  using VRTK;//引用命名空间
5
```

图 4-44　引用命名空间 VRTK

图 4-45　获取 Canvas 的动画组件

然后需要定义一个布尔变量并赋予初始值控制动画的播放效果（如图 4-46 所示）。

```
6      ⊟public class VRTK_PanelControl : MonoBehaviour
7       {
8           public Animator anim;//获取UI面板动画组件
9           private bool IsBool = true;//条件判断变量
10
```

图 4-46 定义布尔变量

在 Start 方法中注册按钮事件，使用菜单按钮来进行控制（如图 4-47 和图 4-48 所示）。

```
6      ⊟public class VRTK_PanelControl : MonoBehaviour
7       {
8           public Animator anim;//获取UI面板动画组件
9           private bool IsBool = true;//条件判断变量
10
11          void Start()
12      ⊟   {
13              this.GetComponent<VRTK_ControllerEvents>().ButtonTwoPressed += Events_ButtonTwoPressed;//注册菜单按钮事件
14
```

图 4-47 注册菜单按钮事件

```
6      ⊟public class VRTK_PanelControl : MonoBehaviour
7       {
8           public Animator anim;//获取UI面板动画组件
9           private bool IsBool = true;//条件判断变量
10
11          void Start()
12      ⊟   {
13              this.GetComponent<VRTK_ControllerEvents>().ButtonTwoPressed += Events_ButtonTwoPressed;//注册菜单按钮事件
14          }
15                                                      生成方法"VRTK_PanelControl.Events_ButtonTwoPressed"     ▶
16                                                      生成属性"VRTK_PanelControl.Events_ButtonTwoPressed"
17      }                                               生成字段"VRTK_PanelControl.Events_ButtonTwoPressed"
18                                                      生成只读字段"VRTK_PanelControl.Events_ButtonTwoPressed"
                                                        生成本地"Events_ButtonTwoPressed"
```

图 4-48 生成事件方法

在编写脚本逻辑前，先在 Unity 场景中查看控制动画状态的属性变量，然后可以通过定义的布尔值修改动画状态。

动画状态属性变量可以在 Unity 界面中选中 UI 面板，找到它的动画状态机（动画状态机是一个专用于控制动画播放状态的工具）查看（如图 4-49 和图 4-50 所示）。

方法生成后，在方法中编写动画控制逻辑，菜单面板初始为开启状态，首次执行需要关闭菜单界面，所以先对布尔变量进行取反操作，再使用取反后的布尔值对动画状态进行关闭控制（如图 4-51 所示）。

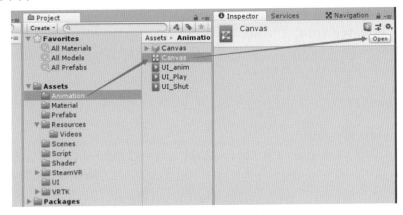

图 4-49 打开动画状态机

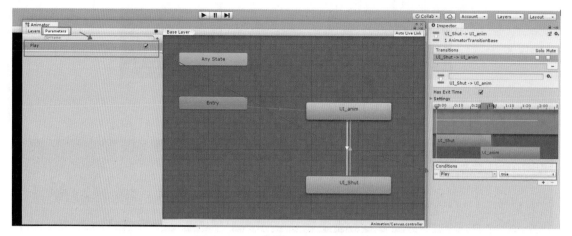

图 4-50　查看动画状态的属性变量

```
15
16      /// <summary>
17      /// 菜单按钮按下事件
18      /// </summary>
19      /// <param name="sender"></param>
20      /// <param name="e"></param>
21      private void Events_ButtonTwoPressed(object sender, ControllerInteractionEventArgs e)
22      {
23          IsBool = !IsBool;//对布尔值进行取反操作
24          anim.SetBool("Play", IsBool);//执行动画效果
25      }
26  }
```

图 4-51　控制动画显示关闭状态

完整代码如下：

```
using System.Collections;
using System.Collections.Generic;
using UnityEngine;
using VRTK;                                             // 引用命名空间

public class VRTK_PanelControl : MonoBehaviour
{
    // 获取 UI 面板动画组件
    public Animator anim;
    // 条件判断变量
    private bool IsBool = true;

    void Start()
    {
        // 注册菜单按钮事件
        this.GetComponent<VRTK_ControllerEvents>().ButtonTwoPressed +=
                                                Events_ButtonTwoPressed;
    }
```

```
/// <summary>
/// 菜单按钮按下事件
/// </summary>
/// <param name="sender"></param>
/// <param name="e"></param>
private void Events_ButtonTwoPressed(object sender,
                                      ControllerInteractionEventArgs e)
{
    // 对布尔值进行取反操作
    IsBool = !IsBool;
    // 执行动画效果
    anim.SetBool("Play", IsBool);
}
}
```

完成对 UI 动画的控制逻辑后。返回 Unity 界面，选中 LeftController 后，将写好的脚本挂载到 LeftController 下（如图 4-52 所示）。

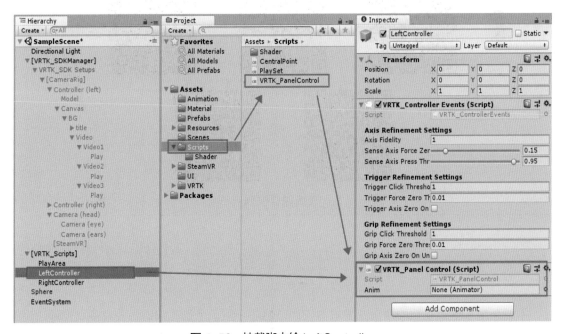

图 4-52 挂载脚本给 LeftController

将 UI 面板 Canvas 拖入 VRTK_Panel Control 脚本（如图 4-53 所示）。

至此完成了全景视频播放、暂停、切换和 UI 面板调用的功能。

运行场景，即可查看项目效果。

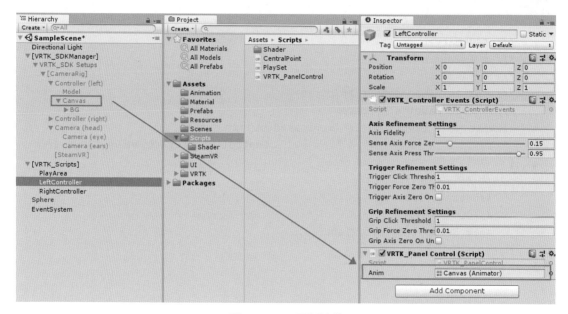

图 4-53　UI 面板挂载

在线课程视频

本章小结

　　本章介绍了全景视频的概念、发展与应用，然后介绍了全景视频的相关设备及视频拍摄的相关要点，以及素材导入 Unity 的相关步骤，最后讲解了如何利用 Unity 引擎开发一个全景视频交互案例。

第 5 章

VR

室内 VR 场景交互制作案例

学习目标

- ✪ 掌握烘焙场景的全流程设置。
- ✪ 掌握使用交互插件完成基于 HTC VIVE 虚拟现实眼镜的室内交互。

VR 场景内容制作在全景拍摄场景之外的第二种方式就是 3D 建模场景，即将体验者放置在设计师创建的三维环境中自主探索，因此场景中的模型都要按照真实的样式与比例建模，随后在 Unity 中设置各种材质和光照系统，编写代码实现复杂的交互逻辑，最终完成整个项目。相较于全景拍摄场景项目，VR 建模场景项目开发难度大、时间长。但是在 VR 建模项目中，体验者可以真正参与到设计师创建的世界中，可以随意走动，与场景中各实体的模型交互，如拿起来、抛出去，实现复杂的交互功能，这些是全景拍摄场景不可比拟的。

前 4 章已经完整地演示了全景拍摄场景项目的开发过程，本章将以室内交互的案例为例介绍 3D 建模场景项目的开发过程。

在正式开始项目案例介绍前，我们需要了解以下信息。

① 整个案例以导入 Unity Package 资源包的方式获取到所需素材，在导入资源包时注意资源的版本与当前 Unity 的版本是否一致，若要成功导入资源并运行，则要求 Unity 的版本必须高于或等于资源包的版本。

② 在导入资源包时可能出现这样的问题：API 更新提示弹窗，此时 Unity 提示 API 版本需要更新，单击 "I Made a Backup, Go Ahead"（更新资源包 API 信息）即可，如图 5-1 所示。

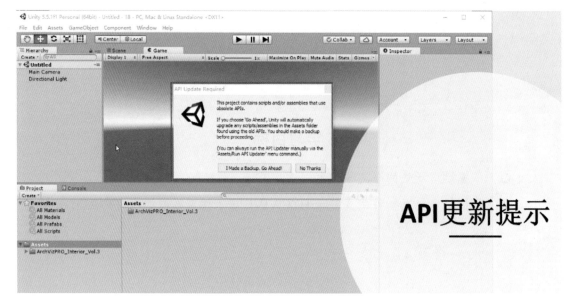

图 5-1　API 更新提示

③ 有时，在场景运行前可能产生大量报错，错误也有多种可能，如因为 Transform 属性太过偏离于中心属性产生报错，因为之前模型光照溢出导致的报错等。这些错误往往并不影响场景的运行，只要在 Console 中选择 Clear，将这些报错信息全部清除即可（如图 5-2 所示）。

④ 随着项目逐渐深入，用到的素材越来越多，越来越丰富，这就需要开发者养成良好的习惯，为不同类型的素材建立对应的文件夹，进行分门别类的存储和管理，从而方便多人协同的项目开发（如图 5-3 所示）。

图 5-2　报错信息清除

图 5-3　素材归纳整理

5.1　项目概述

伴随虚拟现实技术的发展，通过软件构建真实环境并实现交互功能变得更加容易，将 VR 技术应用于样板间设计制作，一方面能有效降低样板间设计制作耗费的费用，另一方面能对样板间设计方案进行实时更改，有效满足各类客户的具体需求。VR 技术与建筑室内设计的良好融合，能辅助客户快速准确地对满意的建筑室内设计具体方案进行确定，还能为客户的家具选购提供有价值的参考意见。

本节主要讲述的内容为 VR 样板间案例开发，详细演示 VR 项目制作过程，利用 Unity 引擎构建写实室内环境，基于 HTC VIVE 并通过交互手段实现与场景中的元素互动。

项目开发制作流程如下：

白模渲染与光照添加	灯光添加与屏幕特效组件使用	家具模型导入及设置	交互添加
■场景项目设置 ■颜色空间设置 ■调用资源 ■烘焙渲染设置 ■室内细节效果渲染 ■模型贴图复原渲染	■布置场景灯光 ■屏幕特效组件应用	■家具模型导入	■场景漫游功能 ■交互物体边缘高亮 ■弹出UI面板 ■UI面板交互功能实现 ■手柄UI面板交互 ■手柄UI面板自身显示与隐藏控制代码 ■手柄UI面板—灯光控制 ■手柄UI面板—门控制 ■手柄UI面板—窗帘控制 ■手柄UI面板—气泡控制

案例效果如图 5-4 所示。

图 5-4　案例最终呈现效果

5.2　白模渲染和光照添加

室内场景的渲染流程大致可以分为三步：第一步拼接模型，第二步匹配材质，第三步通过灯光、渲染参数的调整，将整个场景烘焙完成。

5.2.1 拼接模型

1. 场景项目设置

在进行资源包或模型的导入前还需要设置修改 Unity 的颜色空间。Unity 有两种颜色空间可供选择：Gamma 空间和 Linear 空间。

Gamma 空间一般适用于移动端、网页游戏等性能较低的硬件设备端的 VR 项目开发，以及对光照、阴影细节和清晰度要求不高的 VR 项目开发。Linear 空间多用于主机端的项目开发。在 Unity 中，默认颜色空间是 Gamma 空间。若要开发细节表现更丰富的 VR 项目，就要使用 PBR（Physically-Based Rendering）渲染流程。PBR 是一种基于物理规律模拟的渲染技术，必须将颜色空间修改为 Linear，从而表现出更高的颜色深度和阴影细节。

2. 颜色空间设置

打开 Unity 程序，修改颜色空间，依次选择"Edit → Project Settings → Player"命令（如图 5-5 所示），则 Inspector 面板中会弹出用于调整参数的面板，其中 Other Settings 选项的 Color Space 参数对应的就是颜色空间。默认情况下，系统自动选择的是 Gamma 空间，若需要改变，只要将该选项设置为 Linear，即可切换到 Linear 空间（如图 5-6 所示）。

3. 调用资源

导入项目案例资源包，分别是 ModelHouse 房间模型和 Skyboxs 天空盒（如图 5-7 所示），将两个资源包直接拖入 Unity 的 Assets，单击"Import"按钮，即可导入（如图 5-8 所示）。

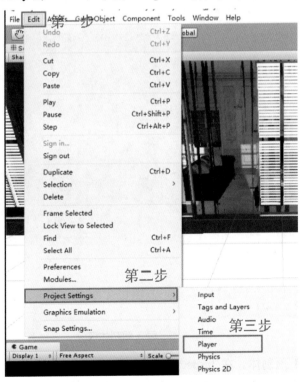

图 5-5 打开 Player 设置

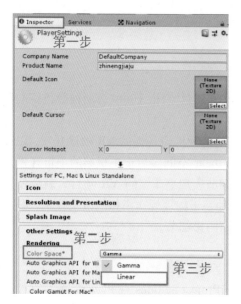

图 5-6　颜色空间设置

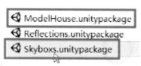

图 5-7　导入资源

图 5-8　Assets 资源

导入完成后，打开 Model House 文件夹的 MK_Prefabs 文件，其中有两个图标为蓝色方块的预制体模型，分别是房间框架模型和墙体框架模型。将两个预制体方块拖入场景，通过设置位置的方法，将两个模型的位置进行匹配（如图5-9所示）。

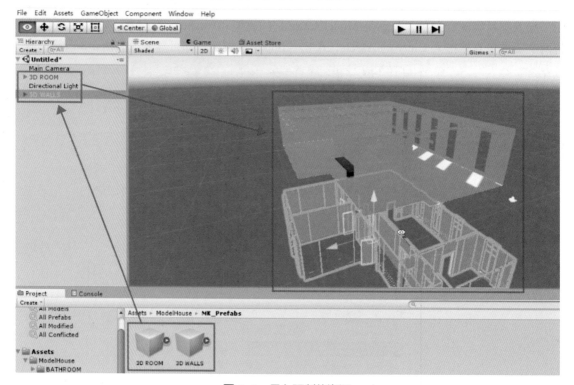

图 5-9　导入预制体资源

选择 3D ROOM 预制体，在 Inspector 面板中修改它的 Transform 参数的位置属性，即将 Position 参数的 X、Y、Z 数值都置为 0，将其起始位置定位于原点上。同样，将 3D WALLS 预制体的位置属性也调整为 0，定位于原点，这样就可以使两个模型位置对应重合，也完成了房间模型的导入（如图 5-10 所示）。

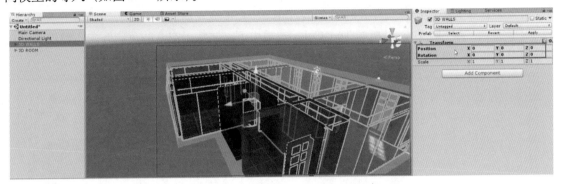

图 5-10　Transform Position 归零

4. 烘焙渲染设置

第 2 章介绍过，Unity 中的渲染模式分为实时渲染和烘焙渲染两种，多数情况下选择烘焙渲染模式，这样做的好处是能够将场景中的光照信息烘焙成光照贴图存储在模型的表面，在场景运行时，相比于实时渲染，能够节省很多的计算资源，使得硬件设备能够更加流畅地运行当前场景。

因此，本项目用烘焙的方式渲染当前房间。首先，在 Lighting 面板中将 Ambient Mode 参数修改为 Baked 烘焙选项。取消 Realtime Lighting 下的 Realtime Global Illuminatic 选项的勾选，不进行实时渲染。同时，取消面板最下方的 "Auto Generate"（自动生成光照贴图）的勾选（如图 5-11 所示）。

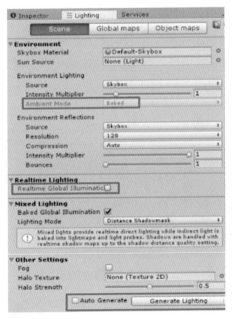

图 5-11　光照设置

这样就可以用手动生成的方式来代替自动生成的方式进行烘焙渲染。更改设置完成后，将场景中原有的定向光源删除，使场景无光照渲染。这里的无光照渲染并非完全没有亮度，而是当前场景并不需要灯光光源，在场景中会使用天空盒提供基础的场景亮度。

用天空盒照亮场景：将文件夹的天空盒"SKY"直接拖入场景，即可替换当前场景的天空盒。根据需求，在 Sky Box 面板的 Tint Color 选项中可以调整天空盒的色彩倾向，通过天空盒将模型整体照亮（如图 5-12 所示）。

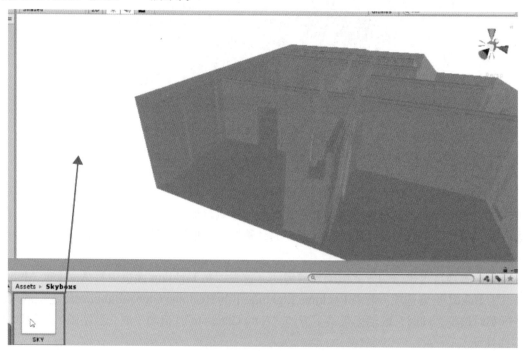

图 5-12　替换天空盒

更改模型为静态，当前场景中的模型除玻璃之外都应该是静态的。之所以要将玻璃设置为非静态，是为了使光源可以透过玻璃进入室内。因此，选中需要设置为静态的模型，在 Inspector 面板中勾选 Static 选项即可（如图 5-13 所示）。

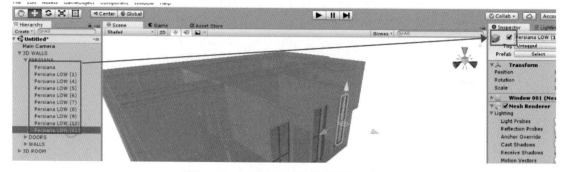

图 5-13　设置参与渲染的模型为静态

模型调整完成后，单击 Lighting 面板中的"Generate Lighting"按钮，生成光照贴图。经过烘焙后，当前室内效果的光照信息是一个白色的天空盒提供的，所以光照会均匀地洒在模型上，模型的每个面都具有着色，不像定向光源或者点光源，用天空盒投射的光会更分散，使模型所有面受光更均匀（如图 5-14 所示）。

图 5-14 无光照的天空盒初步渲染

至此，完成室内场景的初步渲染。

注意，在做初步渲染时，天空盒进行初步渲染。光源是透过场景中玻璃模型照射到室内的，所以玻璃模型不可以是静态的，如果设置为静态烘焙，光照就无法照射入室内，无法产生光亮的效果。

5.2.2 全景视频交互功能添加

1. 室内细节效果渲染

室内细节效果渲染并不添加任何的光源，只在参数上做调整。Unity 通过调整参数影响细节通常有两种方式：① 渲染模型更深层次细节，烘焙出更具细节的效果；② 在场景中添加反射组件，柔化场内的光照折射。

第一种，为场景添加深层次细节效果。在 Lighting 面板下找到 Lightmapping Settings 选项，勾选 Ambient Occlusion 复选框（如图 5-15 所示），增加环境光遮蔽的效果，这时就会在渲染时增加场景或模型的颜色深度。

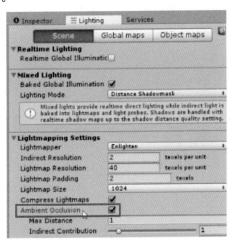

图 5-15 为场景添加深层次细节

比如，场景中的转角阴影或者模型的凸出、凹陷等都会得到更细节的体现，从而增加模型深度细节（如图 5-16 所示）。

图 5-16　细节效果

　　第二种，增加反射探头，柔化画面的效果。在 Hierarchy 界面下单击右键，在弹出的快捷菜单中选择"Light → Reflection Probe"（如图 5-17 所示），此时场景中会载入反射探头。适当增加多个反射探头并调整其位置（如图 5-18 所示），就能进一步平滑场景中的光照效果。

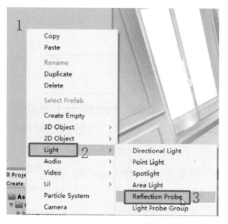

图 5-17　添加反射探头

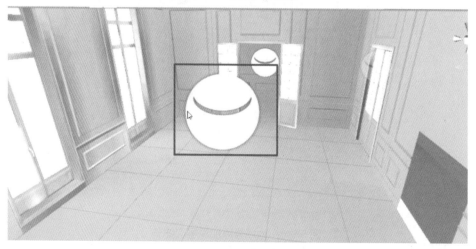

图 5-18　调整探头位置

当反射探头球体在室内时，会产生颜色过渡；当取消反射探头时，颜色深度会减小，如图 5-19 和图 5-20 所示。当前场景添加反射探头并调整好后，单击 Lighting 面板中的"Auto Generate"（自动生成）按钮，即可进行第二次烘焙。

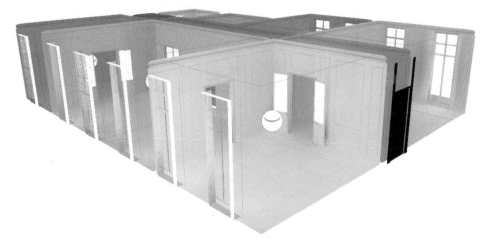

图 5-19　添加反射探头组的反射烘焙效果

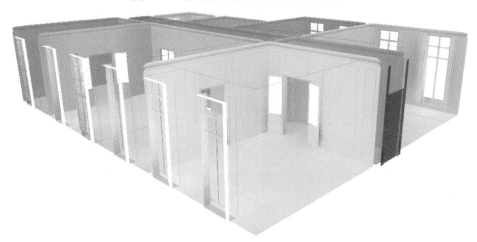

图 5-20　没有添加反射探头组的反射烘焙效果

渲染完成后，场景中增加了大量的颜色深度，极大丰富了模型细节的表现，而且在点击反射探头时，相应的反射信息也会在探头组的球体上呈现，是一个很柔和的平滑过渡效果（如图 5-21 所示）。

到此就完成了无光照初步渲染的细节反射调整。

5.2.3　场景烘焙

1. 模型贴图复原渲染

进行模型的贴图复原，一般先复原场景中占据大面积、大体块的模型。因此，我们先从地面开始，选中地面模型，在 Inspector 面板的"Mesh Renderer → Materials"选项中选中地板的材质球（如图 5-22 所示），为它进行材质贴图的复原，指定该材质所有贴图（如图 5-23 所示）。

图 5-21　反射探头信息

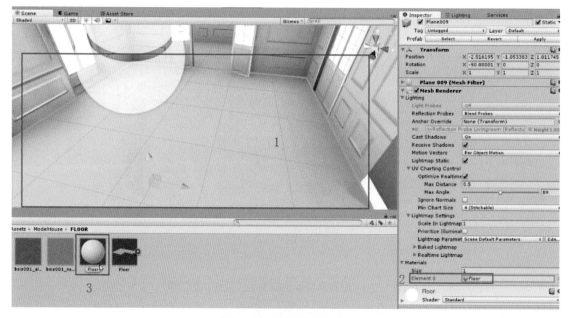

图 5-22　指定地板材质

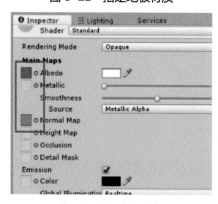

图 5-23　指定贴图

此时需要调整地板贴图的密度，在材质球面板下将 Tiling 参数（UV 连续值）的 X、Y 轴的数值调整到合适的大小，使地板贴图更加符合现实地板的尺寸，本例设置 X、Y 的参数为 0.1。最终的效果符合场景比例（如图 5-24 所示）。

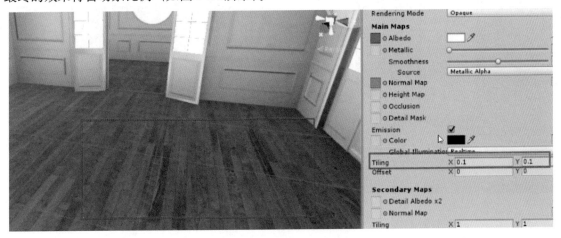

图 5-24　控制 Tiling 属性

调整地板贴图的平滑值和金属值，使地板具有反射效果。在材质球面板中调整 Smoothness 和 Metallic 的滑块到合适的数值，这样地板的效果大致调整完成（如图 5-25 所示）。

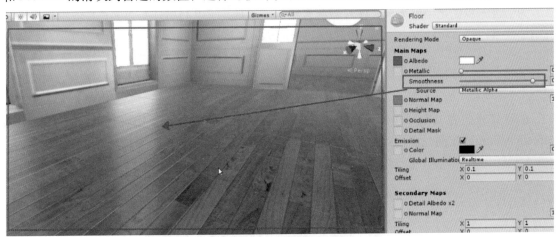

图 5-25　调整材质平缓值

地面贴图复原后，接着对场景内的墙面、门窗、顶面等材质的贴图进行复原。复原的操作与前面地面贴图的相同。

注意，因为窗户要透明渲染，在对门窗的材质进行贴图复原时，要先修改它的材质球的渲染模式为透明渲染模式（Transparent），再进行贴图的复原。

贴图复原完成后，室内环境已经有了颜色信息，在 Inspector 面板中单击 "Auto Generate" 按钮，再进行一次烘焙。由于场景中颜色信息的加入，不再是之前单一白模的反射渲染，整体场景会变暗。在没有添加灯光的情况下，整个场景经历了三次渲染，现在已经逐渐还原出了一个趋近真实的反射效果（如图 5-26 所示）。

图 5-26　着色环境渲染

5.3　布置灯光和屏幕特效

为了进一步优化当前场景，使其看起来更丰富逼真，可以利用灯光和屏幕特效组件为摄像机添加效果。

5.3.1　布置场景灯光

创建灯光。在 Hierarchy 界面下单击右键，在弹出的快捷菜单中选择 Light 灯光中的 Directional Light 定向光源，此时添加的光照是模拟太阳的定向光（如图 5-27 所示）。

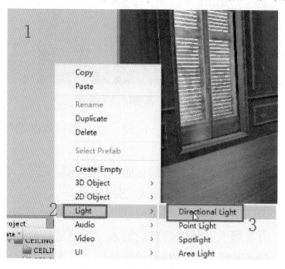

图 5-27　添加定向光源

选中添加的定向光，在 Inspector 面板中为其调整参数。首先调整光照的颜色，若希望整体室内氛围是暖色调，可以适当调整光照为较浅的橙黄色，调整 Intensity（光照强度）数值（如图 5-28 所示）。

图 5-28　调整灯光参数

可以发现，光照射在物体上并未产生阴影。显然与现实场景相悖，这时需要调整光照的 Shadow Type（阴影选项）（如图 5-29 所示）。

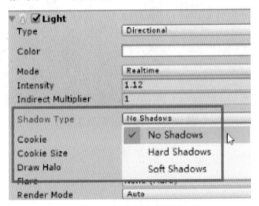

图 5-29　灯光阴影设置

其中包括两种阴影：一种是 Hard Shadows，所产生的阴影边缘会有一些锯齿感，显得比较尖锐；另一种是 Soft Shadows，其阴影边缘会相对平和、柔滑。因此，通常我们选择 Soft Shadows 类型（如图 5-30 所示）。

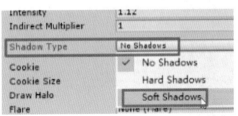

图 5-30　设置为 Soft Shadows 阴影类型

调整完成后，再次进行烘焙。将方向光的 Ambient Mode 由 Realtime 修改为 Baked（烘焙）模式（如图 5-31 所示）。然后进入 Lighting 面板，单击 "Generate Lighting" 按钮，再次进行光照渲染，效果如图 5-32 所示。

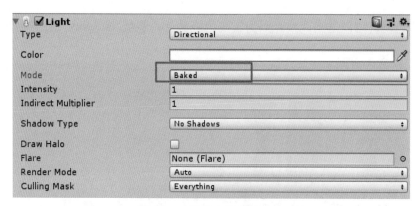

图 5-31　修改灯光渲染模式

图 5-32　光照渲染效果图

5.3.2　屏幕特效

　　模型光照调整完成后，依托后期处理的屏幕特效组件，进行屏幕校色和整体输出。在学习资源包中，将 ImageEffects.unitypackage 的屏幕特效组件导入当前场景（如图 5-33 所示）。

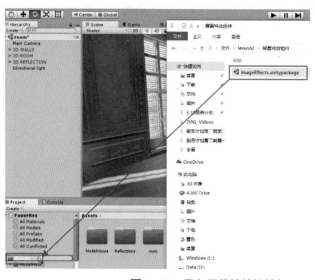

图 5-33　导入屏幕特效组件包

MOOC 视频

打开 ImageEffects 文件夹，将其中的 FPS Controller 预制体直接拖入场景。在 Hierarchy 界面中，选中第一人称控制器的子对象；在 Inspector 面板中，可以看到它绑定了大量脚本，这些脚本都是后期屏幕特效组件（如图 5-34 所示）。

图 5-34　添加特效第一人称组件

通过 Game 视图观察处理效果，勾选 Camera 下绑定的 Antialiasing（抗锯齿）选项，此时场景中的模型边缘会产生一些模糊的过渡处理效果。

Antialiasing 组件的作用是抗锯齿，可以抹平模型和光斑边缘的锯齿效果。

Bloom 组件的作用是使灯光元素可以产生光晕溢出的效果。调整它的强度，可以改变光晕的强度大小（如图 5-35 所示）。

图 5-35　Bloom 发光效果

Lens Aberrations 组件可以为 Camera 添加镜头特效。勾选后，通过 Alpha 遮罩为相机四周添加 4 个暗角，同时边缘会产生模拟眼睛或者模拟数码相机所特有的红绿色差（如图 5-36 所示）。

图 5-36　添加镜头特效后的效果

　　红绿色差是通过 Chromatic Aberration（色差）选项控制的，取消勾选，就会失去这样的效果。另外，相机边缘暗角是通过 Vigentte 选项控制的。调整暗角颜色，出现 Vigentte 选项，通过 Color 进行调整（如图 5-37 所示）。

图 5-37　通过 Vigentte 调整暗角及暗角颜色

　　Ambient Occlusion（环境光遮蔽）选项用来增加场景的阴影细节，增加颜色深度（如图 5-38 所示）。

　　Tonemapping Color Grading（色调映射颜色等级）选项是一个调色组件，可以调整环境色调，制作出复古的、科幻的或者卡通的颜色效果（如图 5-39 所示）。

　　调整完成后，单击"运行"按钮，可以看到效果呈现。效果作用在摄像机上，根据需求，不断调整屏幕特效组件的相关参数，就能达到理想的效果。

图 5-38　Ambient Occlusion 选项产生的效果

图 5-39　Tonemapping Color Grading 选项设置与效果

5.4　家具模型导入和设置

基础的房间渲染完成后，下面为场景添加家具等模型填充房间。

找到 ModelLivingRoom.unitypackage 资源包，将其导入当前场景（如图 5-40 所示）。

导入完成后，打开 ModelLivingRoom 文件夹，将 LivingRoom 预制体拖入 Hierarchy 面板，即可将家具模型加入当前场景。家具模型导入后，会产生爆白现象（如图 5-41 所示）。

爆白可能有两种原因：① 导入的模型不是静态模型；② 家具模型自身与当前场景光照没有融合匹配，光照丢失。

此时只需要再运行一次光照计算，即烘焙渲染即可。烘焙完成后，家具模型与场景光照匹配，家具模型就能与场景融合了。

接着，将场景中的物件进行贴图复原。分别选中物体模型，找到对应的材质球，一一复原贴图，可以从大体积的沙发、地毯开始到各种零散的物体。在进行茶几材质复原时需要注意，茶几是玻璃透明材质，所以在贴图复原前需要将渲染类型改成 Transparent 透明，再进行贴图复原。

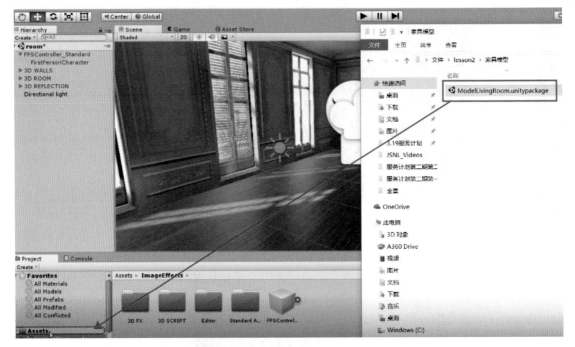

图 5-40　导入 ModelLivingRoom

图 5-41　渲染爆白

　　整个场景调整完成后，单击"运行"按钮，可以运行当前场景观察效果。若没有问题，就可进行最后一次的烘焙渲染，烘焙完成保存当前场景（如图 5-42 所示）。

　　室内渲染过程中需要注意的事项如下：

❖ 导入资源包时会有版本资源与当前 Unity 版本不一致的情况，此时要求当前 Unity 版本必须不低于资源包的版本。

❖ 有时场景未运行时也可能产生大量报错，只要不影响运行，就可以在 Console 中选择 Clear，将它们全部清除即可。

❖ VR 项目的开发需要更好的细节表现，这时需要使用 PBR 渲染流程，就必须将颜色空间修改为 Linear 空间。

图 5-42 完成渲染后的场景

- ❖ 烘焙模式能够节省大量的光照计算，因此渲染模式一般优先选择烘焙方式。
- ❖ 反射探头能够很好地柔化当前场景的光照效果。
- ❖ 贴图的复原应当先从大面积、大体块的模型开始，根据不同模型的属性，渲染的类型也需修改，如窗户等透明物体材质应设置为 Transparent 渲染模式。
- ❖ 屏幕渲染插件的使用能够给场景带来更丰富的效果。

5.5 交互功能

房间场景烘焙完成后，我们需要为场景中的物品添加交互功能，从而让进入 VR 场景的人得到更好的体验。为场景添加交互功能一般通过调用插件包的方式实现。Steam VR 和 VRTK 插件可以实现在 Unity 中制作带有交互功能的智能家居项目。

前期准备：插件下载与环境配置。

开发工具及资源：请扫描旁边的二维码。

环境配置流程：请参考 3.6 节的"配置基础开发环境"内容。

素材下载

5.5.1 场景漫游

配置完成基本环境后，首先实现场景漫游功能。在虚拟现实中，通常使用瞬移机制实现空间中位置的移动，即通过扣动手柄圆盘键发出射线，指定到要移动区域的目标点位置，松开按键实现在空间内的瞬移。

实现场景漫游的功能，可以只通过对场景内的一些物体进行导航烘焙和添加一些资源包中的脚本来实现，而不用编写代码。

MOOC 视频

找到配置基本环境时创建的 PlayArea 对象，依次添加 VRTK_ Body Physics 组件（身体碰撞检测组件）、VRTK_Height Adjust Teleport 组件（瞬移组件）、VRTK_Nav Mesh Data（限制移动区域）组件（如图 5-43 所示）。

将 VRTK_Body Physics 组件中的 Enable Body Collisions 属性选项勾除，取消身体碰撞（如图 5-44 所示）。

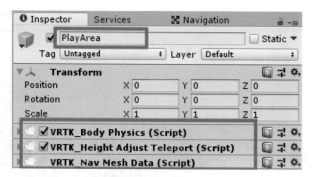

图 5-43　添加组件

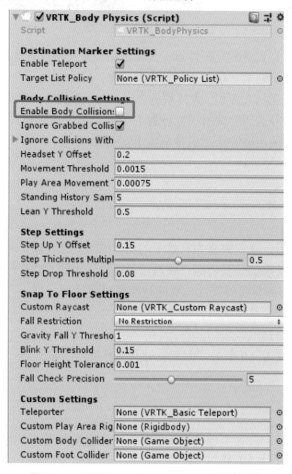

图 5-44　设置 VRTK_BodyPhysics 组件属性

　　将自身 Nav Mesh Data 组件拖入自身 VRTK_Height Adjust Teleport 组件的 Nav Mesh Data 属性框，用于检测可移动区域；同时，将 Nav Mesh Limit Dista 属性值设置为 0.1，用来检测传送的有效距离，只要不为 0（如图 5-45 所示）。

　　找到配置基本环境时创建的 RightController 对象（使用右手控制器进行移动），依次添加 VRTK_Pointer（手柄指针）组件和 VRTK_Straight Pointer Renderer（直线指针渲染器）组件（如图 5-46 所示）。

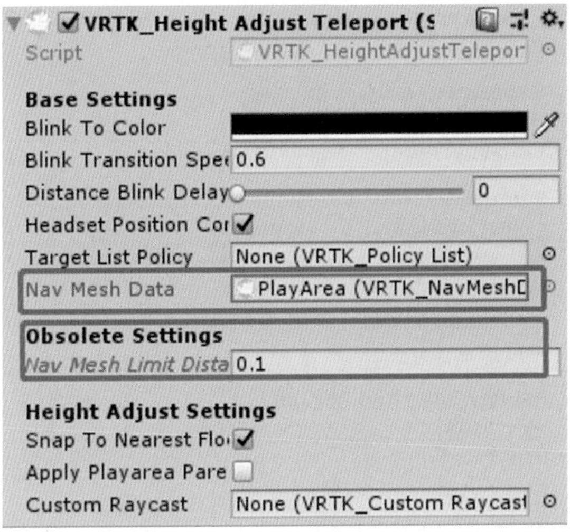

图 5-45　设置 VRTK_Height Adjust Teleport 组件属性

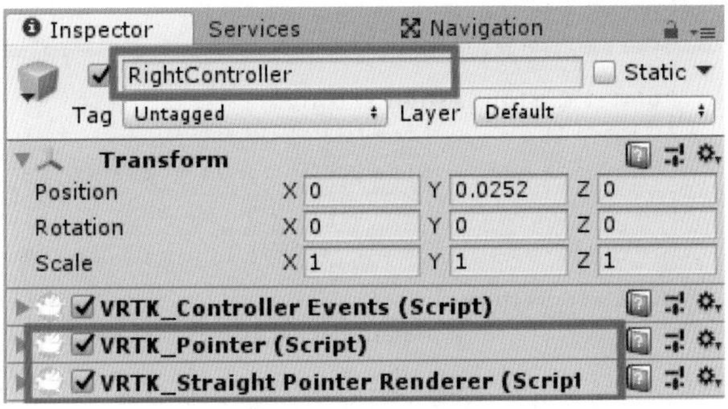

图 5-46　添加组件

　　勾选 VRTK_Pointer 组件的 Enable Teleport 属性（勾选后才可以进行瞬间移动），同时将手柄自身挂载的 VRTK_Straight Pointer Renderer 组件拖入 VRTK_Pointer 组件的 Pointer Renderer 属性栏，可以通过 VRTK_Pointer 组件的 Activation Button（激活按钮）和 Selection Button（选择按钮）设置射线交互按钮及状态（如图 5-47 所示）。

　　也可以通过 VRTK_Straight Pointer Renderer 组件中的 Tracer Visibility 属性和 Cursor Visibility 属性设置射线的显示模式。

　　射线有三种模式：按键激活（On When Active）、一直激活（Always On）、从不激活（Always Off）。将参数修改为 Always On，就会让射线一直显示，不会隐藏（如图 5-48 所示）。

　　这时只完成了实现瞬间移动的组件部分的控制实现，还需要对场景内的地面部分进行导航烘焙（导航烘焙可剔除没有连接到一起的小型网格区域。表面积小于指定大小值的网格区域将被移除，不可移动），烘焙出能够使人物瞬间移动的区域。

　　首先，选择场景内的地面对象。为了避免操作过程中对场景内其他模型对象进行失误操作，可以将地面复制一份，并且调整坐标轴 Y 为 0.001，即抬高一点地面，防止与其他模型重叠，造成传送检测失灵（如图 5-49 所示）。

　　选中复制的地面，依次选择"Window → AI → Navigation"，调出 Navigation 面板（如图 5-50 所示）。

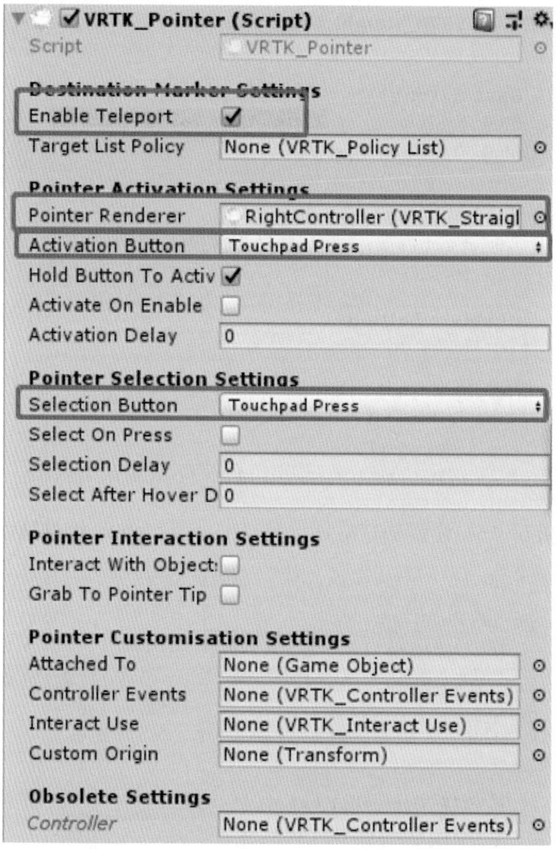

图 5-47　设置 VRTK_Pointer 组件属性

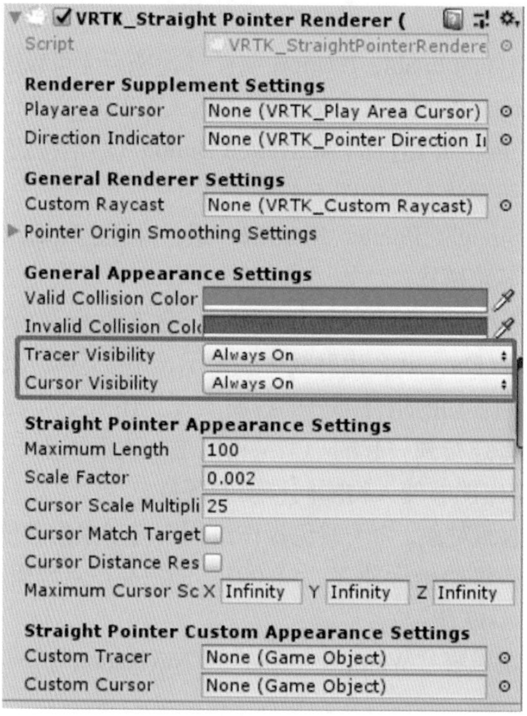

图 5-48　设置 VRTK_Straight Pointer Renderer 组件属性

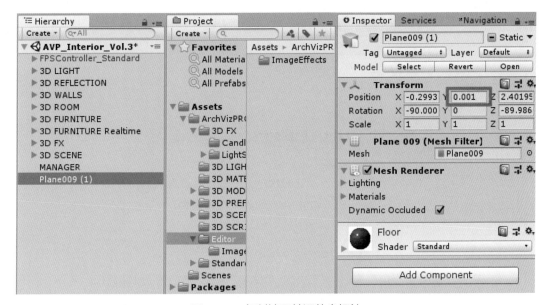

图 5-49　复制地面并调整坐标轴

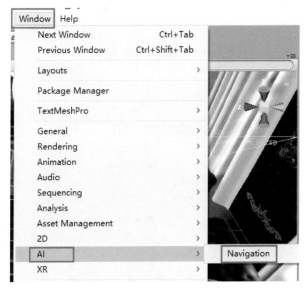

图 5-50　打开 Navigation 面板

打开 Navigation 面板，在 Object 界面下勾选 Navigation Static 属性，将地面对象设置为静态（如图 5-51 所示）；然后，检查场景内摆放的物品（如沙发、茶几等）是否已设置为静态，即物品的 Static 属性是否被勾选（如图 5-52 所示）。只有设置为静态的物体才能进行烘焙。

在 Navigation 面板 Bake 界面下，将 Agent Radius（可通过的最小距离）属性值设置为 0.1，将 Max Slope（可爬升的最大角度）属性值设置为 0，将 Step Height（台阶高度）属性值设置为 0.01。完成后，单击"Bake"按钮，进行导航烘焙（如图 5-53 所示）。

烘焙完成后，场景中会出现蓝色网格的区域，即可以瞬移的区域（如图 5-54 所示）。

此时再运行当前场景，即可实现瞬移的功能。

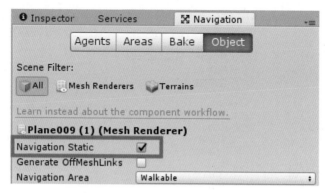

图 5-51　勾选 Navigation Static 属性

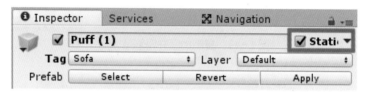

图 5-52　设置摆放物品为静态

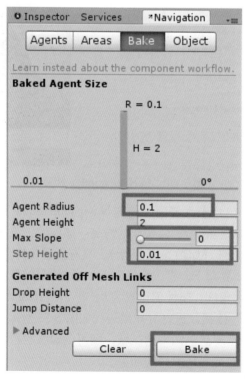

图 5-53　Bake 界面设置烘焙属性

图 5-54　烘焙完成的地面

场景漫游功能实现过程中需要注意的事项如下：

❖ 所挂载的脚本组件有时会因为版本原因导致界面属性与截图不符，一般只要版本相差不是太大，可以忽略差异部分。

❖ 因为项目的不同，当前组件属性只适用于当前工程（除了通过拖曳赋值的对象），不同的工程可自行调整各相关属性值，来测试最终的效果。

❖ 导航烘焙后，若效果与截图不符（如图 5-54 中蓝色的区域），则可检查场景内物体是否都设置为静态状态。

5.5.2　交互物体边缘高亮效果

在漫游场景时，为了提示体验者可以与场景中哪些物体进行交互，我们往往会让体验者在场景中移动手柄，当手柄的射线移动到可操作物体上时，使该物体显示出边缘高亮的效果。这个效果的呈现需要使用到 Highlighting System 插件。

首先，导入资源包的 Highlighting System 插件；然后，通过对场景内的一些物体添加资源包中的脚本来控制物体高亮显示。

在导入 Highlighting System 插件后,找到需要高亮显示的物体,如为场景内的沙发对象设置边缘高亮效果,在沙发对应的 Inspector 面板下设置新的 Tag 名称(用于区分是否属于可高亮物体);然后,添加 Highlighter 脚本和 Highlighter Basic 脚本,用于渲染物体高亮轮廓(如图 5-55 所示)。

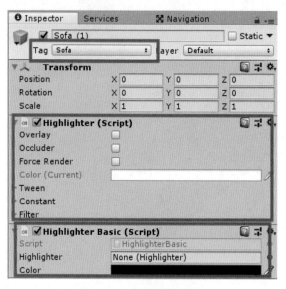

图 5-55 添加高亮脚本

设置 Highlighter 脚本状态为未激活状态,将高亮物体自身 Highlighter 脚本通过鼠标拖曳的方式,赋值给自身 Highlighter Basic 脚本的 Highlighter 属性。下面的 Color 颜色属性就是边缘高亮的颜色,也可以根据需要自定义其他颜色(如图 5-56 所示)。

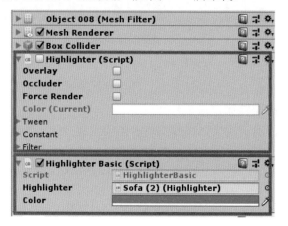

图 5-56 设置高亮脚本属性

在 Hierarchy 层次面板中找到 VRTK_SDKManager/SteamVR/CameraRig/Camera(head)/Camera(eye)相机对象,添加 HighlightingRenderer 脚本,用于在相机中渲染出高亮物体(如图 5-57 所示)。

添加完成后,在 Assets 资源面板中新建脚本并命名为 VRTK_EventMonitoringScript(如图 5-58 所示),然后将该脚本拖动添加到 Hierarchy 层次面板的 VRTK_Scripts 的 RightController 对象上。

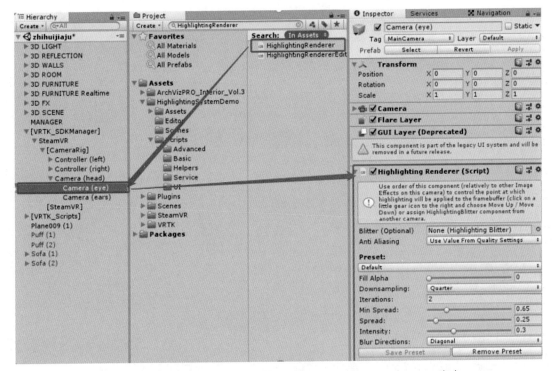

图 5-57　找到 Camera（eye）对象并添加 HighlightingRenderer 脚本

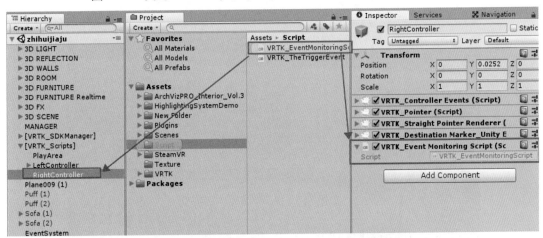

图 5-58　新建 VRTK_Event Monitoring Script 脚本并添加

打开 VRTK_EventMonitoringScript 脚本，编写代码（如图 5-59 所示）。

编写完成回到场景中，运行场景，即可测试沙发高亮显示的效果（如图 5-60）。

交互物体边缘高亮功能设置过程中需要注意的事项如下：

❖　物体挂载的两个脚本是用来控制物体高亮显示的关键脚本，缺一不可，高亮颜色的透明度不可设置为 0，若为 0，则看不见高亮效果。

❖　挂载到相机（Camera(eye)）对象的 HighlightingRenderer 脚本可设置高亮显示的范围和强度等效果。

❖　新建的 VRTK_EventMonitoringScript 必须挂载到控制手柄上，左右手可根据使用习惯进行选择。

```csharp
using HighlightingSystem;
using System.Collections;
using System.Collections.Generic;
using UnityEngine;
using VRTK;//引用命名空间

public class VRTK_EventMonitoringScript : MonoBehaviour {

    private VRTK_Pointer rightHandPointer;//私有全局变量

    void Start()
    {
        rightHandPointer = this.GetComponent<VRTK_Pointer>();//获取右手柄自身的VRTK_Pointer组件
        //注册手柄事件方法
        rightHandPointer.GetComponent<VRTK_DestinationMarker>().DestinationMarkerEnter += Test_DestinationMarkerEnter;//当射线进入的时候
        rightHandPointer.GetComponent<VRTK_DestinationMarker>().DestinationMarkerExit += Test_DestinationMarkerExit;//当射线离开的时候
        rightHandPointer.GetComponent<VRTK_DestinationMarker>().DestinationMarkerHover += Test_DestinationMarkerHover;//当射线停留的时候

    /// <summary> 当射线停留的时候
    private void Test_DestinationMarkerHover(object sender, DestinationMarkerEventArgs e)...

    /// <summary> 当射线离开的时候
    private void Test_DestinationMarkerExit(object sender, DestinationMarkerEventArgs e)
    {
        //判断物体tag是否是可高亮物体
        if (e.target.tag == "Sofa")
        {
            e.target.GetComponent<Highlighter>().enabled = false;//射线离开物体，关闭物体高亮显示组件
        }
    }

    /// <summary> 当射线进入的时候
    private void Test_DestinationMarkerEnter(object sender, DestinationMarkerEventArgs e)
    {
        //判断物体tag是否是可高亮物体
        if (e.target.tag == "Sofa")
        {
            e.target.GetComponent<Highlighter>().enabled = true;//射线进入物体，打开物体高亮显示组件
        }
    }
}
```

图 5-59　编写 VRTK_EventMonitoringScript 脚本代码

图 5-60　运行测试

5.5.3　UI 面板设置

　　完成场景内漫游和显示可交互物体边缘高亮的效果后，就可以为可交互物体设置具体的交互功能。例如，实现射线指向沙发，沙发高亮边缘后，体验者扣动手柄上的扳机，就能弹出一个可操作的用户界面。

　　实现弹出可操作用户界面的功能需要创建用户操作界面，可以直接导入包含提前制作好的用户操作界面的资源包，也可以自行搭建用户操作界面后导入。

　　导入资源完成后，在 Assets 资源文件夹下创建 Resources 文件夹，并且将资源内的 Canvas 预制体放入 Resources 文件夹（如图 5-61 所示），使系统能对资源进行识别和加载（如使用自行创建的用户操作界面也需要将它制作成预制体，并且放入 Resources 文件夹，否则系统将无法加载资源实现效果）。

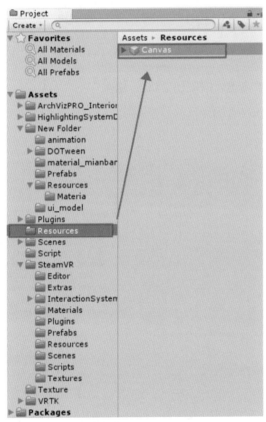

MOOC 视频

素材下载

图 5-61　创建 Resources 文件夹放置资源

　　检查导入的预制体资源上是否挂载 VRTK_UI Canvas 组件，如果没有挂载，就需要手动勾选（如图 5-62 所示）。

　　资源设置完成后，找到场景内的控制器对象，左右手根据使用习惯自行设置，同时为其勾选 VRTK_UI Pointer 组件（如图 5-63 所示）。

　　可通过 VRTK_UI Pointer 组件中的 Activation Button 和 Selection Button 选项，设置交互时的手柄按键（如图 5-64 所示）。

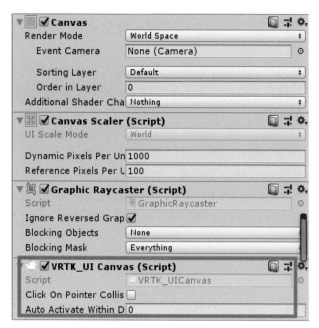

图 5-62　添加 VRTK_UI Canvas 组件

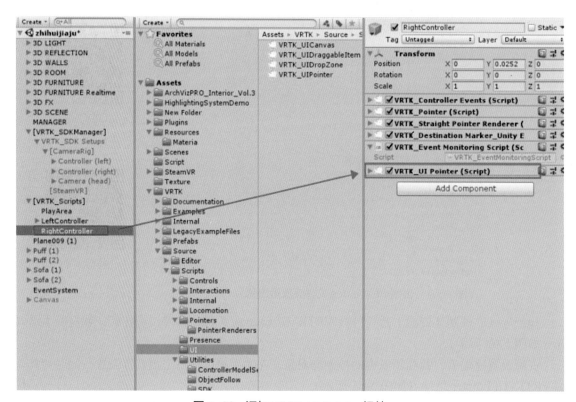

图 5-63　添加 VRTK_UI Pointer 组件

图 5-64　设置手柄交互按键

　　根据需要，将导入资源内的 Canvas 预制体对象拖动到场景内需要显示 UI 面板的位置；在需要显示交互 UI 的位置新建一个或多个空物体，将物体分别建在其交互物体（如沙发）之下作为子物体，修改空物体名称为 Sofa_Position，并在场景内调整空物体的位置在需要 UI 显示的位置上（如图 5-65 所示）。注：Canvas 预制体对象需要拖动到空对象下作为子问题。

图 5-65　设置 UI 显示位置

设置完成后，为了使打开的操作界面始终面向用户需要使用脚本来进行控制，新建 Look_Camera 脚本并挂载到所有 Sofa_Position 对象上。

打开脚本，编写脚本代码（如图 5-66 所示）。

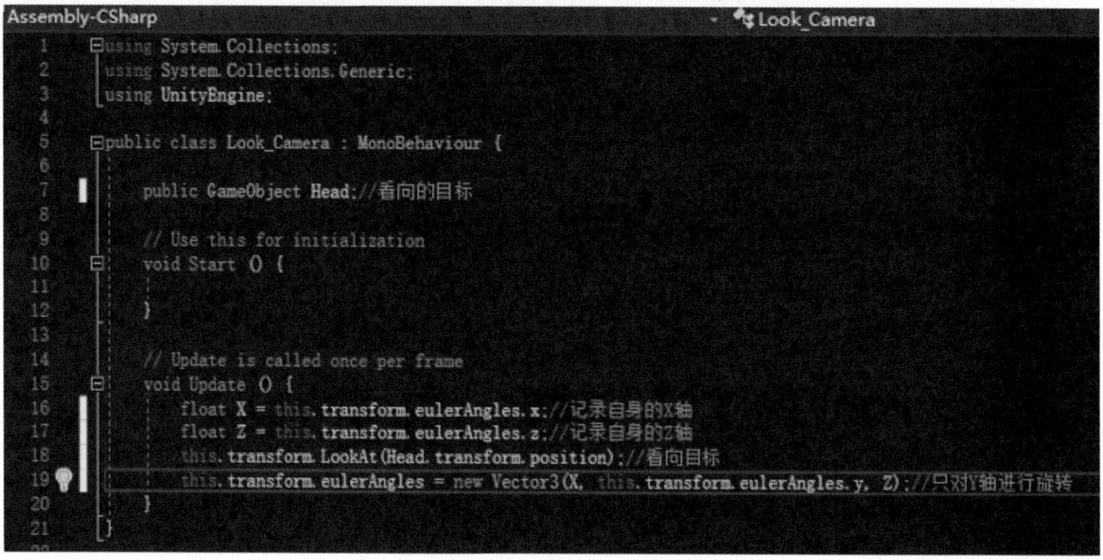

图 5-66　相关脚本

完整代码如下：

```
using System.Collections;
using System.Collections.Generic;
using UnityEngine;

public class Look_Camera : MonoBehaviour {

    public GameObject Head;                                    // 朝向的目标

    void Update() {
        float X = this.transform.eulerAngles.x;               // 记录看向目标的 X 轴
        float Z = this.transform.eulerAngles.z;               // 记录看向目标的 Z 轴
        this.transform.LookAt(Head.transform.position);       // 使 UI 看向目标
        this.transform.eulerAngles =
                        new Vector3(X, this.transform.eulerAngles.y, Z);
    }
}
```

编写完成后，回到 Unity，将脚本中的 Head 属性（即 UI 面板朝向的坐标位置）进行赋值，赋值对象为 CameraRig 预制体下的 Camera(head)对象（如图 5-67 所示）。

赋值完成后，运行 UI 面板，查看朝向执行效果（如图 5-68 所示）。

找到之前创建的 VRTK_Event Monitoring Script 脚本，即前面做交互物体边缘外发光时所创建的脚本。打开脚本，添加代码片段（如图 5-69 所示）。

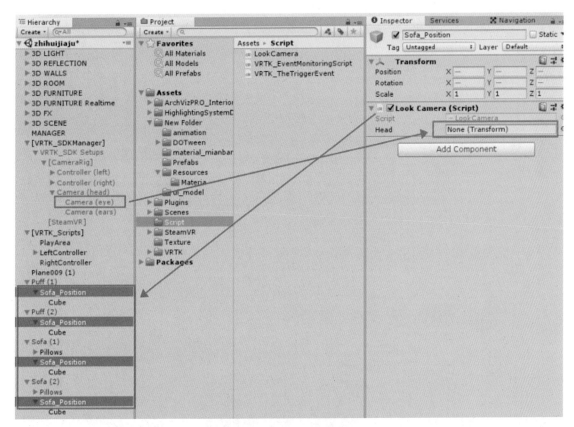

图 5-67　Head 属性赋值

图 5-68　UI 面板朝向显示

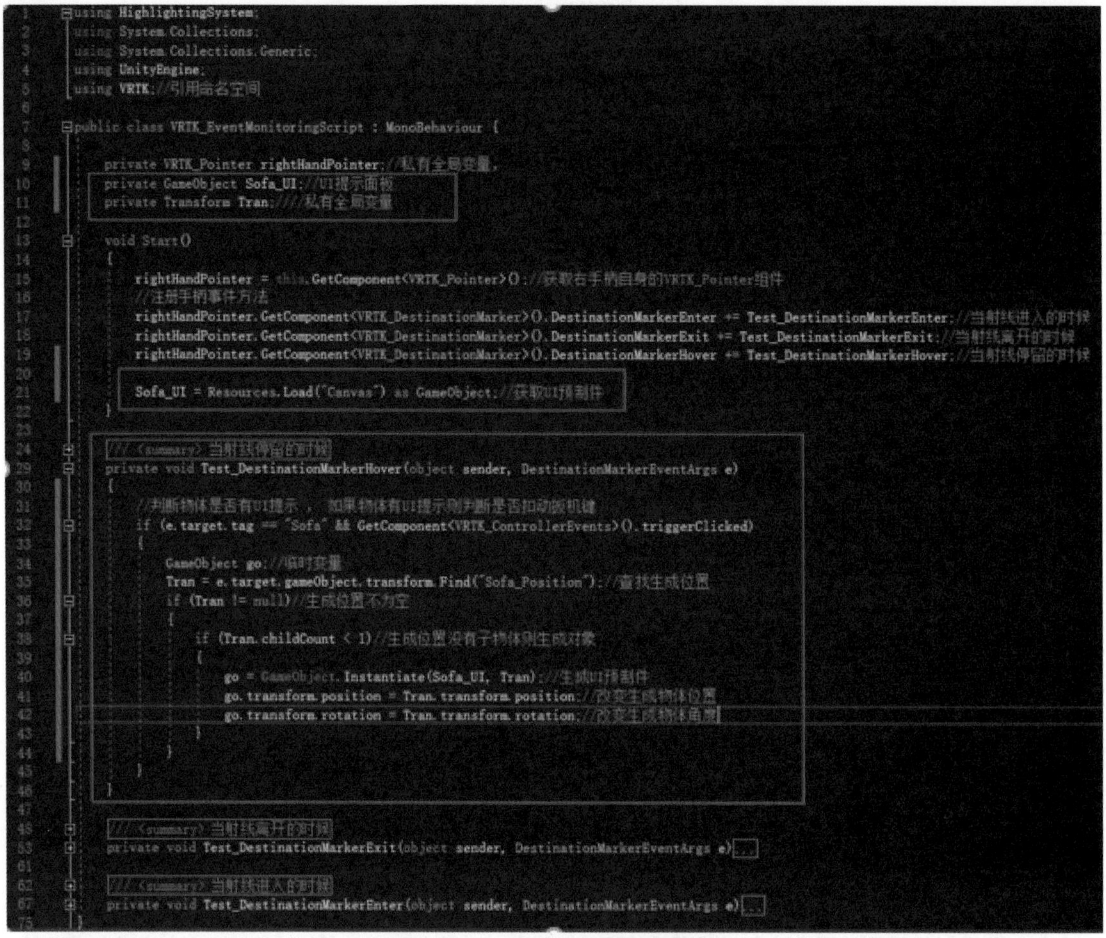

图 5-69 激活 UI 面板的脚本

完整代码如下：

```csharp
using HighlightingSystem;
using System.Collections;
using System.Collections.Generic;
using UnityEngine;
using VRTK;                                    // 引用命名空间

public class VRTK_EventMonitoringScript : MonoBehaviour {

    private VRTK_Pointer rightHandPointer;      // 私有全局变量
    private GameObject Sofa_UI;                 // UI 提示面板
    private Transform Tran;                     // 私有全局变量

    private VRTK_DestinationMarker vtrk;

    void Start()
    {
        // 获取右手柄自身的 VRTK_Pointer 组件
```

```csharp
        rightHandPointer = this.GetComponent<VRTK_Pointer>();
        vtrk = this.GetComponent<VRTK_DestinationMarker>();
        // 注册手柄事件方法
        // 当射线进入时
        vtrk.DestinationMarkerEnter += Test_DestinationMarkerEnter;
        // 当射线离开时
        vtrk.DestinationMarkerExit += Test_DestinationMarkerExit;
        // 当射线停留时
        vtrk.DestinationMarkerHover += Test_DestinationMarkerHover;
        // 获取 UI 预制件
        Sofa_UI = Resources.Load("Canvas") as GameObject;
    }


    /// <summary>
    /// 当射线停留时
    /// </summary>
    /// <param name="sender"></param>
    /// <param name="e"></param>
    private void Test_DestinationMarkerHover(object sender,
                                            DestinationMarkerEventArgs e)
    {
        // 判断物体是否有 UI 提示，若物体有 UI 提示，则判断是否扣动扳机键
        if (e.target.tag == "Sofa" &&
                    GetComponent<VRTK_ControllerEvents>().triggerClicked)
        {
            // 临时变量
            GameObject go;
            // 查找生成位置
            Tran = e.target.gameObject.transform.Find("Sofa_Position");
            // 生成位置不为空
            if (Tran != null)
            {
                // 若生成位置没有子物体，则生成对象
                if (Tran.childCount < 1)
                {
                    // 生成 UI 预制件
                    go = GameObject.Instantiate(Sofa_UI, Tran);
                    // 改变生成物体位置
                    go.transform.position = Tran.transform.position;
                    // 改变生成物体角度
                    go.transform.rotation = Tran.transform.rotation;
                }
            }
        }
        if(e.target.tag == "BubblesUI")
        {
            Transform Bubbles = e.target.gameObject.transform.Find("mianban1");
            Bubbles.gameObject.SetActive(true);
```

```
            Animator anim =  Bubbles.GetComponent<Animator>();
            anim.SetBool("open", true);
            anim.SetBool("close", false);
        }
    }


    /// <summary>
    /// 当射线离开时
    /// </summary>
    /// <param name="sender"></param>
    /// <param name="e"></param>
    private void Test_DestinationMarkerExit(object sender,
                                            DestinationMarkerEventArgs e)
    {
        // 判断物体 tag 是否是可高亮物体
        if (e.target.tag == "Sofa")
        {
            // 射线离开物体，关闭物体高亮显示组件
            e.target.GetComponent<Highlighter>().enabled = false;
        }
        if (e.target.tag == "BubblesUI")
        {
            Transform Bubbles = e.target.gameObject.transform.Find("mianban1");
            Animator anim = Bubbles.GetComponent<Animator>();
            anim.SetBool("close", true);
            anim.SetBool("open", false);
        }
    }


    /// <summary>
    /// 当射线进入的时候
    /// </summary>
    /// <param name="sender"></param>
    /// <param name="e"></param>
    private void Test_DestinationMarkerEnter(object sender,
                                             DestinationMarkerEventArgs e)
    {
        // 判断物体 tag 是否是可高亮物体
        if (e.target.tag == "Sofa")
        {
            // 射线进入物体，打开物体高亮显示组件
            e.target.GetComponent<Highlighter>().enabled = true;
        }
    }
}
```

在射线停留方法 Test_DestinationMarkerHover 中编写的代码，在场景运行时，体验者用手

柄发出射线指向物体并扣动扳机时，才会被激活执行，显示出 UI 面板。

编写完脚本代码后，保存并返回场景中运行调试，检测运行效果。

在实现打开交互物体的 UI 面板功能效果的过程中需要注意的事项如下：

❖ 资源必须放置在 Resources 文件夹下，否则可能无法加载。

❖ UI 预制体对象必须挂载 VRTK_UI Canvas 组件才能显示，手柄控制器必须挂载 VRTK_UI Pointer 组件才能实现 UI 交互。而用左手还是右手手柄按键实现交互，可根据使用习惯自行定义。

❖ LookCamera 脚本是独立脚本，使打开的 UI 面板始终面向用户。场景中所有希望能弹出 UI 交互面板的物体都必须为其单独创建空对象，并且挂载 LookCamera 脚本，Head 属性的赋值是场景内的相机自身 Camera(head)。

❖ UI 面板的激活代码必须在射线停留方法 Test_DestinationMarkerHover 中编写，只有射线停留方法是持续进行检测的。如果编写完成后功能未实现，就需要检查对象名称和 Tag 名称的引用是否正确，需要区分大小写。

1. UI 面板交互功能实现

下面针对沙发的 UI 弹出面板，实现材质切换交互面板上按钮的功能。

观察预制体 Canvas 的结构，它的默认界面共 4 个按钮，分别是关闭按钮、返回按钮、材质界面按钮和颜色界面按钮（如图 5-70 所示）。

图 5-70　默认操作界面

其中，材质界面按钮和颜色界面按钮分别用来控制二级界面的打开（如图 5-71 和图 5-72 所示），关闭按钮用来关闭界面，返回按钮用来控制界面在二级界面时返回默认界面。

交互面板 Canvas 的材质二级界面下有三个材质按钮：花纹、皮质、布纹。单击相应的按钮，沙发就会换成相应的材质。

颜色二级界面下有红、绿、蓝三个颜色的滑块，可以调整沙发的颜色。这样就能让体验者通过 UI 交互面板与场景中的沙发进行交互，根据喜好来改变沙发的材质或者颜色。

图 5-71   材质二级界面

图 5-72   颜色二级界面

交互面板只是用户与沙发交互的媒介，具体功能还需要通过编写的交互代码实现。

新建 VRTK_UI Controller Events 脚本，将它赋值给 Canvas 预制体对象（如图 5-73 所示）。

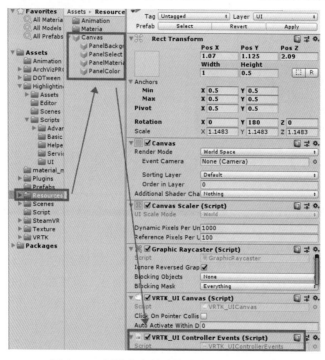

图 5-73   新建脚本并赋值给 Canvas 预制体

打开新建好的 VRTK_UI Controller Events 脚本，编写代码如下。

```
using System.Collections;
using System.Collections.Generic;
using UnityEngine;
using UnityEngine.UI;                        // 引用命名空间

public class VRTK_UIControllerEvents : MonoBehaviour {
    // 定义界面按钮
    private GameObject planeSelect;
    private GameObject planeMaterial;
    private GameObject planeColor;
    // 定义交互对象
    private GameObject sofa;
    // 定义材质二级界面按钮
    private Material materialHuaWen;
    private Material materialPiZhi;
    private Material materialBuWen;
    // 定义颜色二级界面三个滑块
    private Slider sliderRed;
    private Slider sliderGreen;
    private Slider sliderBlue;

    private void Awake()
    {
        // 获取 Canvas 预制体子物体 PanelSelect 初始默认界面
        planeSelect = this.transform.Find("PanelSelect").gameObject;
        // 获取 Canvas 预制体子物体 PanelMaterial 材质按钮
        planeMaterial = this.transform.Find("PanelMaterial").gameObject;
        // 获取 Canvas 预制体子物体 PanelColor 颜色按钮
        planeColor = this.transform.Find("PanelColor").gameObject;
        // 获取红色滑动条
        sliderRed =
            this.transform.Find("PanelColor/SliderRed").GetComponent<Slider>();
        // 获取绿色滑动条
        sliderGreen =
         this.transform.Find("PanelColor/SliderGreen").GetComponent<Slider>();
        // 获取蓝色滑动条
        sliderBlue =
            this.transform.Find("PanelColor/SliderBlue").GetComponent<Slider>();
    }

    void Start() {
        // 初始化子物体状态
        if (planeColor.activeInHierarchy)
        {
            planeColor.SetActive(false);
```

```csharp
    }
    // 初始化子物体状态
    if (planeMaterial.activeInHierarchy)
    {
        planeMaterial.SetActive(false);
    }
    // 获取材质
    materialHuaWen = Resources.Load("Materia/SofaHuaWen") as Material;
    materialPiZhi = Resources.Load("Materia/SofaOld") as Material;
    materialBuWen = Resources.Load("Materia/SofaBuwen") as Material;
}

/// <summary>
/// 关闭对话框
/// </summary>
public void CloseDiaLog()
{
    Destroy(this.gameObject);
}

/// <summary>
/// 返回上一级界面
/// </summary>
public void ReturnLast()
{
    if (planeMaterial.activeInHierarchy)
    {
        planeMaterial.SetActive(false);
    }
    if (planeColor.activeInHierarchy)
    {
        planeColor.SetActive(false);
    }
    planeSelect.SetActive(true);
}

/// <summary>
/// 显示选择 Sofa 材质二级界面
/// </summary>
public void SelectMaterial()
{
    planeSelect.SetActive(false);
    planeMaterial.SetActive(true);
}

/// <summary>
/// 显示改变 Sofa 颜色二级界面
```

```csharp
        /// </summary>
        public void ChangeColor()
        {
            planeColor.SetActive(true);
            planeSelect.SetActive(false);
        }
        /// <summary>
        /// 切换材质为花纹
        /// </summary>
        public void SelectMaterial1()
        {
            sofa                                                        =
this.gameObject.transform.parent.gameObject.transform.parent.gameObject;
            sofa.GetComponent<MeshRenderer>().material = materialHuaWen;
        }


        /// <summary>
        /// 切换材质为皮质
        /// </summary>
        public void SelectMaterial2()
        {
            sofa = this.gameObject.transform.parent.gameObject.transform.parent.gameObject;
            sofa.GetComponent<MeshRenderer>().material = materialPiZhi;
        }


        /// <summary>
        /// 切换材质为布纹
        /// </summary>
        public void SelectMaterial3()
        {
            sofa = this.gameObject.transform.parent.gameObject.transform
                                                .parent.gameObject;
            sofa.GetComponent<MeshRenderer>().material = materialBuWen;
        }


        /// <summary>
        /// 红变色滑块
        /// </summary>
        public void RedValueChange()
        {
            sofa = this.gameObject.transform.parent.gameObject.transform
                                                .parent.gameObject;
            sofa.GetComponent<MeshRenderer>().material.color =
                    new Color(sliderRed.value,
                            sofa.GetComponent<MeshRenderer>().material.color.g,
                            sofa.GetComponent<MeshRenderer>().material.color.b);
        }
```

```
/// <summary>
/// 绿变色滑块
/// </summary>
public void GreenValueChange()
{
    sofa = this.gameObject.transform.parent.gameObject.transform
                                        .parent.gameObject;
    sofa.GetComponent<MeshRenderer>().material.color =
            new Color(sofa.GetComponent<MeshRenderer>().material.color.r,
                    sliderGreen.value,
                    sofa.GetComponent<MeshRenderer>().material.color.b);
}


/// <summary>
/// 蓝变色滑块
/// </summary>
public void BlueValueChange()
{
    sofa = this.gameObject.transform.parent.gameObject.transform
                                        .parent.gameObject;
    sofa.GetComponent<MeshRenderer>().material.color =
            new Color(sofa.GetComponent<MeshRenderer>().material.color.r,
                    sofa.GetComponent<MeshRenderer>().material.color.g,
                    sliderBlue.value);
}
}
```

以上为 UI 界面全部代码，编辑完成后保存，返回到场景中运行，测试效果。

接下来需要将脚本内的功能函数依次按照功能，赋值给 Canvas 预制体对应的每个按钮的 On Click()属性（如图 5-74 和图 5-75 所示）。

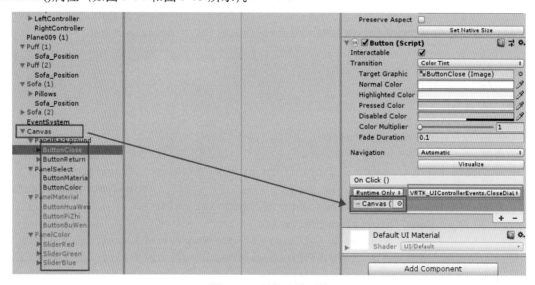

图 5-74 按钮方法赋值

ButtonClose	ControlPlane.CloseDialog（关闭）
ButtonReturn	ControlPlane.ReturnLast（返回）
ButtonMaterial	ControlPlane.SelectMaterial（选择材质）
ButtonColor	ControlPlane.ChangeColor（改变颜色）
ButtonHuaWen	ControlPlane.SelectMaterial1（切换材质为花纹）
ButtonPiZhi	ControlPlane.SelectMaterial2（切换材质为皮质）
ButtonBuWen	ControlPlane.SelectMaterial3（切换材质为布纹）
SliderRed	ControlPlane.RedValueChange（红变色滑块）
SliderGreen	ControlPlane.GreenValueChange（绿变色滑块）
SliderBlue	ControlPlane.BlueValueChange（蓝变色滑块）

图 5-75 按钮赋值方法对应表

函数代码添加完成后，选择 Canvas，单击 Inspector 面板右上角的"Apply"（应用）按钮（如图 5-76 所示），使所有效果都应用在 Canvas 对应的按钮上。

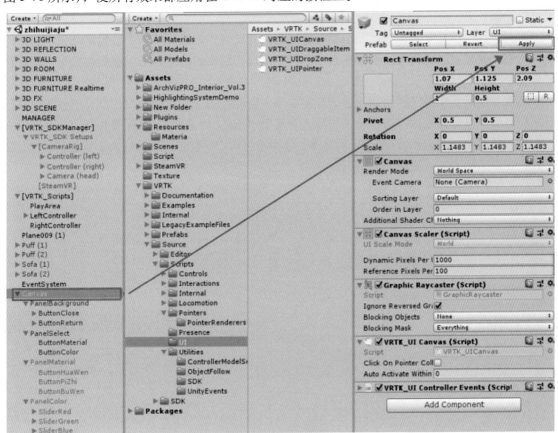

图 5-76 应用修改

应用完成后，删除场景内的 Canvas 预制体，交由 VRTK_EventMonitoringScript 动态生成 Canvas 预制体。

这样，交互面板的设置和功能实现就完成了，接下来运行场景检测效果。

沙发的 UI 面板交互功能实现过程中需要注意的事项如下：

❖ 脚本是挂载到 Resources 文件夹的 Canvas 预制体上的，需要获取的 Slider 对象是自身的子物体。

❖ 材质资源也需要放置在 Resources 文件夹下，如果名称发生变化，也需要修改脚本内对应的查找名称。

❖ 功能函数需要挂载到对应的按钮上。

❖ 设置完成 Canvas 对象后，一定要单击"Apply"按钮，使功能应用到预制体上，否则单击 UI 界面的按钮无效。

5.5.4　手柄 UI 设置

1. 手柄 UI 面板交互

MOOC 视频

下面实现手柄菜单面板的控制、触发按钮的功能，以及场景内一些模型的控制效果。

本例中，手柄交互面板的功能包括：控制灯的开关，控制窗帘的开关，控制场景中物体的说明气泡以及控制门的开关。前面在右手手柄上实现了射线的功能，所以这里需要将手柄交互面板置于左手手柄上。

实现弹出可操作用户界面的功能同样需要导入资源包内交互面板资源，交互面板可以是已有制作好的，也可以是自行搭建的。将导入资源 Prefabs 文件夹的 Canvas 预制体即交互面板拖入左控制器 Controller(left) 的 Model 对象下，作为子物体，调整交互面板的大小和位置属性，使之显示在左手手柄上方（如图 5-77 所示）。

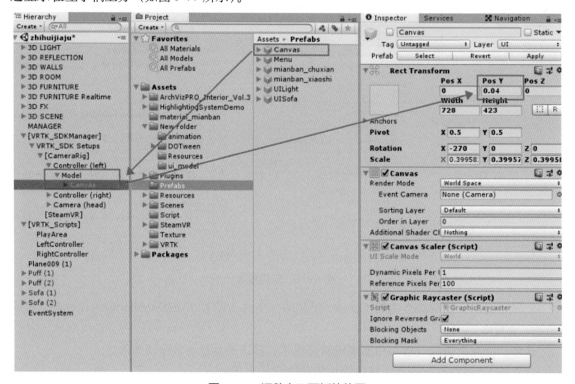

图 5-77　调整交互面板的位置

新建 VRTK_Left Controller Events 脚本，并将它挂载到 LeftController 对象上（如图 5-78
所示）。

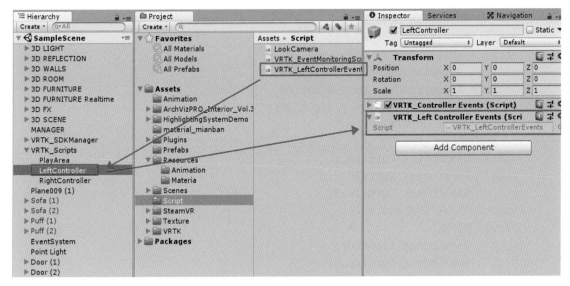

图 5-78　新建脚本并挂载

同时给 LeftController 对象挂载 Steam VR_Tracked Object 组件，用来时刻监听手柄按键状
态（如图 5-79 所示）。

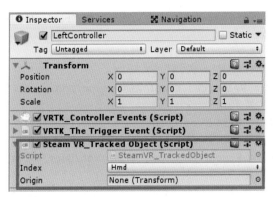

图 5-79　挂载组件

打开脚本，编写代码如下。

```
using System.Collections;
using System.Collections.Generic;
using UnityEngine;
using DG.Tweening;                                      // 引用命名空间

public class VRTK_TheTriggerEvent : MonoBehaviour {
    // 私有全局变量
    private SteamVR_TrackedObject trackedObj;
    private bool isBool = false;
    // 获取 UI 显示面板
```

```csharp
    public GameObject UIMianban;
    public Light lamp;                                      // 灯光控制
    private bool isStart = true;
    public Animation Door_Left;                             // 门动画控制
    public Animation Door_Right;
    private AnimationClip Door_Left_ON;
    private AnimationClip Door_Left_OFF;
    private AnimationClip Door_Right_ON;
    private AnimationClip Door_Right_OFF;
    private bool On_Off = true;
    // 窗帘控制
    public GameObject Curtain_1;
    public GameObject Curtain_2;
    public GameObject Curtain_3;
    private bool isClose = true;
    // UI 气泡控制
    public GameObject Light_UI;
    public GameObject Curtain_UI;
    private bool exit = true;

    // Start 方法是 C#脚本生命周期函数中的一个，主要用来对脚本内变量进行赋值
    void Start () {
        // 赋值自身按键监听脚本
        trackedObj = this.GetComponent<SteamVR_TrackedObject>();
        // 初始关闭手柄 UI 面板
        UIMianban.SetActive(isBool);
        // 获取左边门的开启动画片段
        Door_Left_ON = Resources.Load("Animation/Door_Left_On") as AnimationClip;
        // 获取左边门的关闭动画片段
        Door_Left_OFF = Resources.Load("Animation/Door_Left_OFF") as AnimationClip;
        // 获取右边门的开启动画片段
        Door_Right_ON = Resources.Load("Animation/Door_Right_On") as AnimationClip;
        // 获取右边门的关闭动画片段
        Door_Right_OFF = Resources.Load("Animation/Door_Right_OFF") as AnimationClip;
    }
    // Update 方法是 C#脚本生命周期函数的一个，每帧会执行，用来对脚本内逻辑进行监听并处理
    void Update()
    {
        // 实时监测手柄扳机事件
        SteamVR_Controller.Device device =
                            SteamVR_Controller.Input((int)trackedObj.index);
        // 扣下扳机时的操作
        if (device.GetHairTriggerDown())
        {
            // 布尔值取反
            isBool = !isBool;
            // 更改手柄 UI 显示状态
            UIMianban.SetActive(isBool);
```

```
        }

        // 控制灯光状态
        if (isStart) {
            // 如果灯光强度小于 2.9
            if (lamp.intensity <= 2.9f) {
                // 持续增强灯光
                lamp.intensity += Time.deltaTime * 4; }
            }
            // 没触发
            else {
                // 灯光持续衰弱
                lamp.intensity -= Time.deltaTime * 4;
            }
        }
    }

    /// <summary>
    /// UI 气泡控制方法
    /// </summary>
    public void ControlBubble()
    {
        // 设置气泡 UI 状态
        Light_UI.SetActive(exit);
        // 设置气泡 UI 状态
        Curtain_UI.SetActive(exit);
        // 执行完成一次对布尔取反控制下一次状态
        exit = !exit;
    }

    /// <summary>
    /// 控制窗帘方法
    /// </summary>
    public void ControlCurtain()
    {
        // 控制窗帘开关
        if (isClose)
        {
            Curtain_1.transform.DOBlendableLocalMoveBy(new Vector3(-1.1f, 0, 0), 3);
            Curtain_1.transform.DOScaleX(0.5f, 3);
            Curtain_2.transform.DOBlendableLocalMoveBy(new Vector3(-1.0f, 0, 0), 3);
            Curtain_2.transform.DOScaleX(0.5f, 3);
            Curtain_3.transform.DOBlendableLocalMoveBy(new Vector3(-0.8f, 0, 0), 3);
            Curtain_3.transform.DOScaleX(0.5f, 3);
        }
        else
        {
            Curtain_1.transform.DOBlendableLocalMoveBy(new Vector3(1.1f, 0, 0), 3);
```

```
        Curtain_1.transform.DOScaleX(1f, 3);
        Curtain_2.transform.DOBlendableLocalMoveBy(new Vector3(1.0f, 0, 0), 3);
        Curtain_2.transform.DOScaleX(1f, 3);
        Curtain_3.transform.DOBlendableLocalMoveBy(new Vector3(0.8f, 0, 0), 3);
        Curtain_3.transform.DOScaleX(1f, 3);
    }
    // 执行完成一次对布尔取反控制下一次状态
    isClose = !isClose;
}


/// <summary>
///  灯光控制方法
/// </summary>
public void ControlLight()
{
    // 打开灯光控制开关
    isStart = !isStart;
}


/// <summary>
/// 门动画控制方法
/// </summary>
public void ControlDoor()
{
    // 控制门开关
    if (On_Off)
    {
        Door_Left.clip = Door_Left_ON;
        Door_Right.clip = Door_Right_ON;
        Door_Left.Play();
        Door_Right.Play();
    }
    else
    {
        Door_Left.clip = Door_Left_OFF;
        Door_Right.clip = Door_Right_OFF;
        Door_Left.Play();
        Door_Right.Play();
    }
    // 执行完成一次对布尔取反控制下一次状态
    On_Off = !On_Off;
    }
}
```

以上为手柄 UI 面板的全部代码，实现左手手柄上圆盘按钮的具体功能，当前案例中有 4 个按钮是空的，没有设置交互功能.

下面依次详细介绍整个脚本的代码。

MOOC 视频

1. 手柄 UI 面板自身显示与隐藏控制代码

首先，需要声明手柄事件的变量；同时声明一个布尔值，用于记录并判断 UI 控制面板的实时状态，并且设置初始值为 false；定义一个公开的 GameObject 类型变量，用于获取手柄 UI 菜单面板对象。这里需要在脚本编写完成后，在 Unity 界面对脚本内的 UIMianban 属性进行赋值，赋值对象为手柄上的 UI 菜单面板对象（如图 5-80 所示）。

```
9        //私有全局变量
10       private SteamVR_TrackedObject trackedObj;
11       private bool isBool = false;
12       //获取UI显示面板
13       public GameObject UIMianban;
```

图 5-80　代码片段解析示意（一）

在 Start 方法中，对手柄事件变量进行赋值，赋值对象为自身的 SteamVR_TrackedObject 脚本组件，并且对 UI 面板对象状态进行初始化，初始状态为关闭，所以直接将定义的布尔变量写入即可（如图 5-81 所示）。

```
35       void Start()
36       {
37           trackedObj = this.GetComponent<SteamVR_TrackedObject>();
38           UIMianban.SetActive(isBool);
39           Door_Left_ON = Resources.Load("Animation/Door_Left_On") as AnimationClip;
40           Door_Left_OFF = Resources.Load("Animation/Door_Left_OFF") as AnimationClip;
41           Door_Right_ON = Resources.Load("Animation/Door_Right_On") as AnimationClip;
42           Door_Right_OFF = Resources.Load("Animation/Door_Right_OFF") as AnimationClip;
43       }
```

图 5-81　代码片段解析示意（二）

在 Update 方法中，对手柄的状态进行实时监测，即一旦手柄的扳机键扣下，对 UI 面板的当前状态进行设置。这里需要使用到我们定义的布尔变量，因为默认的布尔变量值为 false，将 UI 面板的当前状态设置为布尔变量取反的值，即 true，这样就可以激活面板。然后将布尔变量的当前值也进行取反，赋值为 true。这样，下一次扣动手柄扳机，UI 面板的当前状态就会被设置为 false。

关闭面板，如此反复，每当执行一次按下操作，布尔变量就会变为相反的值，这样就完成了 UI 面板状态的开关循环控制（如图 5-82 所示）。

```
45       void Update()
46       {
47           SteamVR_Controller.Device device = SteamVR_Controller.Input((int)trackedObj.index);//实时监测手柄扳机事件
48           if (device.GetHairTriggerDown())//扣下扳机时的操作
49           {
50               isBool = !isBool;
51               UIMianban.SetActive(isBool);
52           }
```

图 5-82　代码片段解析示意（三）

完成后，保存脚本。回到 Unity 中，将 UIMianban 属性赋值，赋值对象为左控制器 Controller(left)下 Model 对象的子物体 Canvas 预制体（如图 5-83 所示）。

2. 手柄 UI 面板的灯光控制代码

UI 面板控制完成后，编写 UI 面板的灯光控制开关的程序代码。

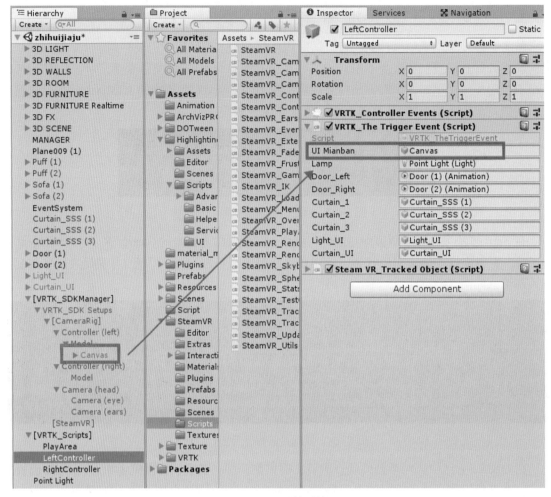

图 5-83 属性赋值

首先，声明灯的变量。同样定义一个布尔类型变量，用于记录并判断灯的状态是否开启，设置初始值为 true，使变量可以第一时间对灯光变化效果进行监听，灯光变量需要编写完成后在 Unity 界面进行手动赋值（如图 5-84 所示）。

```
14          //灯光控制
15          public Light lamp;
16          private bool isStart = true;
```

图 5-84 代码片段解析示意（四）

变量定义完成后先写一个灯光控制的方法，对布尔变量进行取反操作（如图 5-85 所示）。这个方法需要绑定到 UI 面板中灯光按钮的事件上。

```
102    日    /// <summary>
103         ///  灯光控制方法
104         /// </summary>
105    日    public void ControlLight()
106         {
107             isStart = !isStart;
108         }
```

图 5-85 代码片段解析示意（五）

然后在 Update 方法中对灯光的状态进行控制，使用 if 判断模块，在 else 模块内部写灯光持续衰弱的代码，当灯光强度衰弱到 0 时，灯光就会关闭；在 if 判断模块下新增 if 判断模块，判断当前灯光的强度，若小于等于 2.9f，则灯光强度持续增强（如图 5-86 所示）。

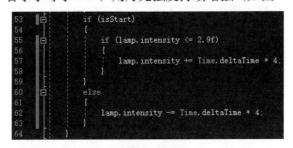

```
53          if (isStart)
54          {
55              if (lamp.intensity <= 2.9f)
56              {
57                  lamp.intensity += Time.deltaTime * 4;
58              }
59
60          else
61          {
62              lamp.intensity -= Time.deltaTime * 4;
63          }
64      }
```

图 5-86　代码片段解析示意（六）

脚本编辑完成后，在场景中新建灯光系统内的 Point Light（点光源）对象，调整点光源位置至台灯中心位置，将 Range（灯光范围）值设置为 3，Color（灯光颜色）属性按需求设置即可，Intensity（灯光强度）设置为 3（该属性设置只适用于当前场景），如图 5-87 所示。

图 5-87　创建灯光对象并设置属性

完成后，赋值给挂载到 LeftController（左手控制器）对象的 VRTK_TheTriggerEvent 脚本组件的 Lamp（光源）属性（如图 5-88 所示）。

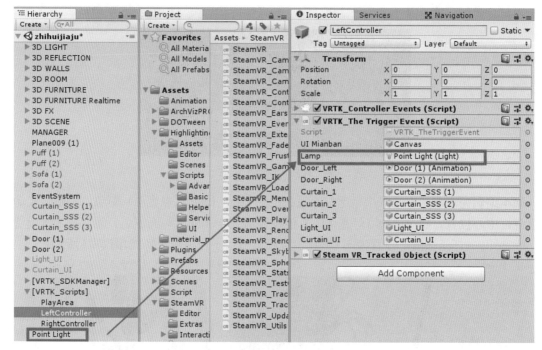

图 5-88　赋值 Lamp 属性

3. 手柄 UI 面板中门的控制

完成 UI 面板控制中灯光控制后，进入脚本编写 UI 面板上开关门的代码。

首先，声明两个公开变量获取门的 Animation 组件，通过 Animation 组件控制门动画状态。然后，定义 4 个私有的动画片段变量，分别用来获取左右两扇门的开启和关闭；再定义一个布尔类型变量，用于记录并判断门的状态是开启还是关闭，并且初始值设为 true。

门的动画变量需要编写完成后，在 Unity 界面中进行手动赋值（如图 5-89 所示）。

图 5-89　代码片段解析示意（八）

变量定义完成后，在 Start 方法中对动画片段变量进行赋值，动画片段在课程对应的资源内，需要放置于 Resources 文件夹的 Animation 文件夹中，否则系统无法正确调用（如图 5-90 所示）。

然后写一个单独的门动画的控制方法，对布尔变量进行判断。当布尔变量为 true 时，将开门的动画片段赋值给动画播放组件，并且播放动画，再对布尔变量进行取反赋值。下次执行方法时会执行 else 语句中的代码，实现关门的效果。

```
35    void Start()
36    {
37        trackedObj = this.GetComponent<SteamVR_TrackedObject>();
38        UIMianban.SetActive(isBool);
39        Door_Left_ON = Resources.Load("Animation/Door_Left_On") as AnimationClip;
40        Door_Left_OFF = Resources.Load("Animation/Door_Left_OFF") as AnimationClip;
41        Door_Right_ON = Resources.Load("Animation/Door_Right_On") as AnimationClip;
42        Door_Right_OFF = Resources.Load("Animation/Door_Right_OFF") as AnimationClip;
43    }
```

图 5-90　代码片段解析示意（九）

这样就完成了动画的循环控制，同样门的控制方法需要绑定到 UI 面板中门按钮的事件上
（如图 5-91 所示）。

```
110    /// <summary>
111    /// 门动画控制方法
112    /// </summary>
113    public void ControlDoor()
114    {
115        if (On_Off)
116        {
117            Door_Left.clip = Door_Left_ON;
118            Door_Right.clip = Door_Right_ON;
119            Door_Left.Play();
120            Door_Right.Play();
121
122        }
123        else
124        {
125            Door_Left.clip = Door_Left_OFF;
126            Door_Right.clip = Door_Right_OFF;
127            Door_Left.Play();
128            Door_Right.Play();
129        }
130        On_Off = !On_Off;
        }
```

图 5-91　代码片段解析示意（十）

回到场景，找到门对象，添加 Animation 组件，取消静态属性的勾选（静态物体不可以用
于动画）（如图 5-92 所示）。

图 5-92　添加组件并取消静态属性的勾选

图 5-92　添加组件并取消静态属性的勾选（续）

完成后，把两扇门对象赋值给 VRTK_TheTriggerEvent 脚本 Door_Left、Door_Right 属性（如图 5-93 所示）。

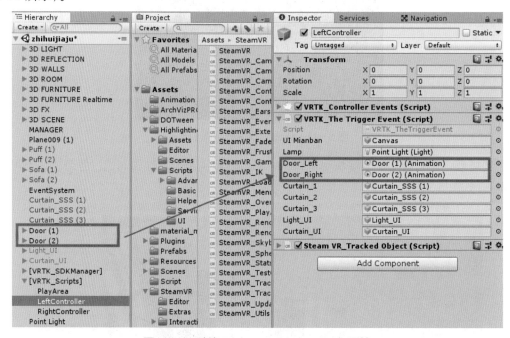

图 5-93　赋值 Door_Left、Door_Right 属性

4．手柄 UI 面板的窗帘控制

窗帘的变化使用 Dotween 动画来实现，这里需要导入资源包内对应的 Dotween 资源，才可以使用 Dotween 动画。使用 Dotween 动画需要在脚本代码的开头引用 Dotween 动画的命名空间（如图 5-94 所示）。

声明三个公开变量，获取三个窗帘对象，并定义一个布尔值变量，用于记录并判断窗帘的状态是否开启，将布尔变量的初始值设为 true。三个窗帘对象的变量同样需要编写完成后，在 Unity 界面中进行手动赋值（如图 5-95 所示）。

```
1  💡  ⊟using DG.Tweening;//引用命名空间
2      using System.Collections;
3      using System.Collections.Generic;
4      using UnityEngine;
```

图 5-94　代码片段解析示意（十一）

```
25         //窗帘控制
26         public GameObject Curtain_1;
27         public GameObject Curtain_2;
28         public GameObject Curtain_3;
29         private bool isClose = true;
```

图 5-95　代码片段解析示意（十二）

变量定义完成后，单独写一个窗帘的控制方法，对布尔变量进行判断。因为窗帘默认是关闭状态，所以当布尔变量为 true 时，执行窗帘的开启动画。实现方法是用 DoTween 动画，控制窗帘在一定时间内动态变化到某状态，本例设置的是 3 秒。同时，在移动过程中要有窗帘缩放的效果，也在 3 秒内完成。这样就可以实现移动并且收缩，从而完成开窗帘的效果。

另两个窗帘都是相同的，只需更改对应的窗帘对象名即可。

else 模块中则是关闭窗帘的语句。

最后对布尔变量进行取反赋值，这样下次执行该方法时就会执行 else 语句，从而实现关窗帘的效果，循环控制窗帘的状态。

窗帘的控制方法同样需要绑定到 UI 面板的窗帘按钮事件上（如图 5-96 所示）。

```
76      /// <summary>
77      /// 控制窗帘方法
78      /// </summary>
79      public void ControlCurtain()
80      {
81          if (isClose)
82          {
83              Curtain_1.transform.DOBlendableLocalMoveBy(new Vector3(-1.1f, 0, 0), 3);
84              Curtain_1.transform.DOScaleX(0.5f, 3);
85              Curtain_2.transform.DOBlendableLocalMoveBy(new Vector3(-1.0f, 0, 0), 3);
86              Curtain_2.transform.DOScaleX(0.5f, 3);
87              Curtain_3.transform.DOBlendableLocalMoveBy(new Vector3(-0.8f, 0, 0), 3);
88              Curtain_3.transform.DOScaleX(0.5f, 3);
89          }
90          else
91          {
92              Curtain_1.transform.DOBlendableLocalMoveBy(new Vector3(1.1f, 0, 0), 3);
93              Curtain_1.transform.DOScaleX(1f, 3);
94              Curtain_2.transform.DOBlendableLocalMoveBy(new Vector3(1.0f, 0, 0), 3);
95              Curtain_2.transform.DOScaleX(1f, 3);
96              Curtain_3.transform.DOBlendableLocalMoveBy(new Vector3(0.8f, 0, 0), 3);
97              Curtain_3.transform.DOScaleX(1f, 3);
98          }
99          isClose = !isClose;
00      }
```

图 5-96　代码片段解析示意（十三）

回到场景，找到窗帘对象，调整大小，将窗户完全遮盖（这里需要模拟窗帘拉开与合上的状态，需要通过 Transform 属性 Position 中 X 轴的位置与 Scale 中 X 轴的比例大小来进行适配）。三个窗帘的属性都不同，需要自行测试（如图 5-97 所示）。

测试出最合适的值后，将它填写在脚本的 ControlCurtain 方法中（如图 5-98 所示）。

图 5-97　设置窗帘大小

```
/// <summary> 控制窗帘方法
public void ControlCurtain()
{
    if (isClose)
    {
        Curtain_1.transform.DOBlendableLocalMoveBy(new Vector3(-1.1f, 0, 0), 3);
        Curtain_1.transform.DOScaleX(0.5f, 3)
        Curtain_2.transform.DOBlendableLocalMoveBy(new Vector3(-1.0f, 0, 0), 3);
        Curtain_2.transform.DOScaleX(0.5f, 3)
        Curtain_3.transform.DOBlendableLocalMoveBy(new Vector3(-0.8f, 0, 0), 3);
        Curtain_3.transform.DOScaleX(0.5f, 3)
    }
    if (!isClose)
    {
        Curtain_1.transform.DOBlendableLocalMoveBy(new Vector3(1.1f, 0, 0), 3);
        Curtain_1.transform.DOScaleX(1f, 3);
        Curtain_2.transform.DOBlendableLocalMoveBy(new Vector3(1.0f, 0, 0), 3);
        Curtain_2.transform.DOScaleX(1f, 3);
        Curtain_3.transform.DOBlendableLocalMoveBy(new Vector3(0.8f, 0, 0), 3);
        Curtain_3.transform.DOScaleX(1f, 3);
    }
    isClose = !isClose;
}
```

大小比例值　　坐标值

图 5-98　修改变化值

5. 手柄 UI 面板的气泡控制

首先，声明两个公开变量，获取场景内的 UI 气泡对象；然后，定义一个布尔变量，用于记录并判断气泡的状态是否开启。

UI 气泡对象的变量需要编写完成后在 Unity 中进行手动赋值（如图 5-99 所示）。

```
30        //UI气泡控制
31        public GameObject Light_UI;
32        public GameObject Curtain_UI;
33        private bool exit = true;
```

图 5-99　代码片段解析示意（十五）

变量定义完成后，单独写一个气泡的控制方法。气泡的显示或隐藏与其他三个按钮的控制方法类似，都是先行判断布尔变量，再设置气泡对象的显示或隐藏，在 else 模块中设置相反状态，最后对布尔变量取反赋值。

完成后，同样将气泡控制方法赋值给 UI 面板的气泡按钮（如图 5-100 所示）。

```
66        /// <summary>
67        /// UI气泡控制方法
68        /// </summary>
69        public void ControlBubble()
70        {
71            Light_UI.SetActive(exit);
72            Curtain_UI.SetActive(exit);
73            exit = !exit;
74        }
```

图 5-100　代码片段解析示意（十六）

完成后，将窗帘对象赋值给 VRTK_TheTriggerEvent 脚本 Curtain_1、Curtain_2、Curtain_3 属性（如图 5-101 所示）。

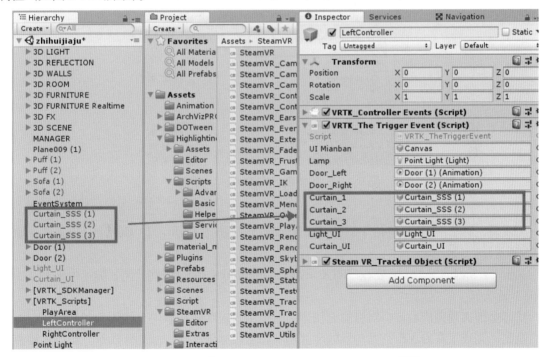

图 5-101　赋值 Curtain_1、Curtain_2、Curtain_3 属性

在导入资源 Prefabs 文件夹下，将气泡 UI 预制体摆放到需要提示的物体上方，修改预制体的 Tag 名称为 BubblesUI（如图 5-102 所示）。

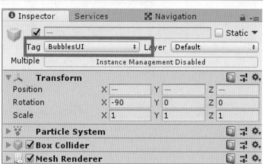

图 5-102 设置预制件坐标及 Tag 名称

完成后，将气泡 UI 赋值给 VRTK_TheTriggerEvent 脚本 Light_UI、Curtain_UI 属性（如图 5-103 所示）。

关于 UI 气泡的显示，需要在 VRTK_EventMonitoringScript（射线检测）脚本中编写（如图 5-104 所示）。

功能全部实现完成后，将对应的方法分别赋值给对应的按钮事件（如图 5-105 所示）。

至此，完成了室内 VR 交互场景的全部功能，从模型的构建、渲染等操作，到场景漫游、物体高亮，以及通过 UI 面板与场景内物体进行交互的功能。

运行场景，即可查看项目效果。

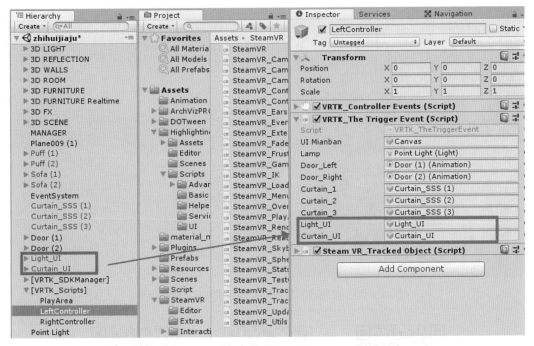

图 5-103　赋值给 Light_UI、Curtain_UI 属性

```
23
24          /// <summary> 当射线停留的时候
29   private void Test_DestinationMarkerHover(object sender, DestinationMarkerEventArgs e)
30   {
31       //判断物体是否有UI提示，如果物体有UI提示则判断是否扣动扳机键
32       if (e.target.tag == "Sofa" && GetComponent<VRTK_ControllerEvents>().triggerClicked)
33
34           GameObject go;//临时变量
35           Tran = e.target.gameObject.transform.Find("Sofa_Position");//查找生成位置
36           if (Tran != null)//生成位置不为空
37
38               if (Tran.childCount < 1)//生成位置没有子物体则生成对象
39               {
40                   go = GameObject.Instantiate(Sofa_UI, Tran);//生成UI预制件
41                   go.transform.position = Tran.transform.position;//改变生成物体位置
42                   go.transform.rotation = Tran.transform.rotation;//改变生成物体角度
43               }
44           }
45
46       if(e.target.tag == "BubblesUI")
47       {
48           Transform Bubbles = e.target.gameObject.transform.Find("mianban1");
49           Bubbles.gameObject.SetActive(true);
50           Animator anim = Bubbles.GetComponent<Animator>();
51           anim.SetBool("open", true);
52           anim.SetBool("close", false);
53       }
54
55   }
56          /// <summary> 当射线离开的时候
61   private void Test_DestinationMarkerExit(object sender, DestinationMarkerEventArgs e)
62   {
63       //判断物体tag是否是可高亮物体
64       if (e.target.tag == "Sofa")
65       {
66           e.target.GetComponent<Highlighter>().enabled = false;//射线离开物体，关闭物体高亮显示组件
67       }
68       if (e.target.tag == "BubblesUI")
69       {
70           Transform Bubbles = e.target.gameObject.transform.Find("mianban1");
71           Animator anim = Bubbles.GetComponent<Animator>();
72           anim.SetBool("close", true);
73           anim.SetBool("open", false);
74       }
75   }
```

图 5-104　UI 气泡脚本逻辑

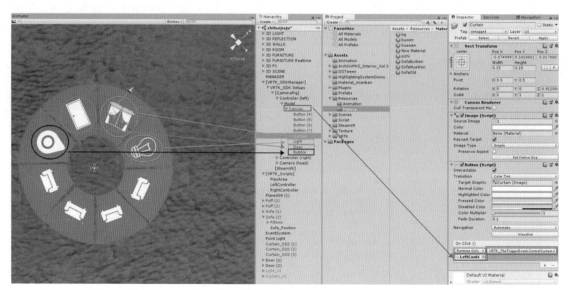

图 5-105　将对应的方法分别赋值给对应的按钮事件

在线课程视频

本章小结

　　本章通过烘焙的方式完成了室内场景的烘焙渲染，使用屏幕特效组件实现了不同的视觉效果，并完成了沙发材质的切换功能、灯的开关等交互功能、交互手柄按钮的功能编辑。知识点相对较多，希望读者在学习之余可以基于课程内容做一些小案例，熟练掌握虚拟现实交互功能的开发和应用。

参考文献

【1】 Unity Technologies．Unity 5.X 从入门到精通．北京：中国铁道出版社，2016．

【2】 Dieter Schmalstieg．增强现实：原理与实践．北京：机械工业出版社，2018．

【3】 喻晓和．虚拟现实技术基础教程．北京：清华大学出版社，2015．

【4】 威廉姆·R. 谢尔曼，阿兰·B. 克雷格．虚拟现实：接口、应用与设计．北京：机械工业出版社，2021．

【5】 Charles Palmer．虚拟现实开发实战：创造引人入胜的 VR 体验．北京：机械工业出版社，2021．

【6】 Paul Mealy．虚拟现实 VR 和增强现实 AR：从内容应用到设计．北京：人民邮电出版社，2019．

【7】 Jaron Lanier．虚拟现实　万象的新开端．北京：中信出版集团，2018．

【8】 Jonathan Linowes．Unity 虚拟现实开发实战．北京：机械工业出版社，2020．

反侵权盗版声明

电子工业出版社依法对本作品享有专有出版权。任何未经权利人书面许可，复制、销售或通过信息网络传播本作品的行为；歪曲、篡改、剽窃本作品的行为，均违反《中华人民共和国著作权法》，其行为人应承担相应的民事责任和行政责任，构成犯罪的，将被依法追究刑事责任。

为了维护市场秩序，保护权利人的合法权益，我社将依法查处和打击侵权盗版的单位和个人。欢迎社会各界人士积极举报侵权盗版行为，本社将奖励举报有功人员，并保证举报人的信息不被泄露。

举报电话：（010）88254396；（010）88258888

传　　真：（010）88254397

E-mail：　dbqq@phei.com.cn

通信地址：北京市万寿路 173 信箱

　　　　　电子工业出版社总编办公室

邮　　编：100036